リスクアセスメント対象物取扱い事業場のための

# 化学物質の
# 自律的な管理の基本と
# リスクアセスメント

中央労働災害防止協会

# まえがき

　令和4年5月の化学物質規制の見直しに伴い、労働安全衛生規則に化学物質管理の枠組み規制が導入され、令和6年4月から本格施行されました。所定の化学物質を製造し、または取り扱う事業者は、業種や規模にかかわらず、事業場に化学物質管理者を配置し、リスクアセスメントの実施に関する事項を行わせることとされています。

　自律的な化学物質管理においては、化学物質の取扱い等に伴う労働災害のリスクを自ら見積もり、必要な措置を講ずることが求められます。選任された化学物質管理者は、安全データシートの内容の理解、監督指導時に求められるリスクアセスメントから措置までの記録、災害発生時の対応、教育訓練といった各種事項を担当することとなります。

　本書は、リスクアセスメント対象物を製造する事業場以外の事業場で化学物質管理者の業務を遂行するにあたり必要となる知識を絞り込んで簡潔にまとめ、わかりやすく解説しています。また、国の通達（令和4年9月7日付け基発0907第1号）に示されている「リスクアセスメント対象物の製造事業場以外の事業場における化学物質管理者講習に準ずる講習」のカリキュラムにも準拠していますので、同講習会用の教科書としても好適な内容といたしました。

　リスクアセスメント対象物取扱い事業場で化学物質管理者に選任される方々が、本書により知識をつけて、化学物質による労働災害の起きない安全・健康な職場を実現されるよう祈念いたします。


　令和6年7月

中央労働災害防止協会

# 目　次

本書では、本文中に用いる法令名称について、以下の略称を使用しています。

○労働安全衛生法　　　　　　法、安衛法
○労働安全衛生法施行令　　　令、安衛令
○労働安全衛生規則　　　　　則、安衛則
○特定化学物質障害予防規則　特化則
○有機溶剤中毒予防規則　　　有機則
○鉛中毒予防規則　　　　　　鉛則
○粉じん障害防止規則　　　　粉じん則

# 第1章 化学物質管理者と保護具着用管理責任者
## ～自律的な管理の主役と補佐役～

　平成28年に義務付けられた化学物質のリスクアセスメントは、実施率が半数程度との調査結果が出るなど、低調な実施状況が続いていましたが、令和6年4月以降は、急速に実施が進んでいます。化学物質管理者の選任が義務化され、事業場内での実施責任者が明らかになったためです。

　ここでは、リスクアセスメント対象物を製造し、または取り扱う事業場において中心的な役割を担うこととなる化学物質管理者と保護具着用管理責任者を中心に紹介します。

## 1. 化学物質管理者とは

**○化学物質管理者の職務を確認しよう**

【関係する法令】安衛則第12条の5
　　職務は次のとおり。
・ラベル表示、危険有害性情報の通知に関すること
・リスクアセスメントの実施に関すること
・結果に基づく措置の内容およびその実施に関すること
・労働災害が発生した場合の対応に関すること
・リスクアセスメントの結果の記録の作成と保存、その周知に関すること
・ばく露低減措置等に関する記録と保存、および労働者への周知に関すること
・労働者に対する必要な教育に関すること

**○化学物質管理者を選任したら、氏名を周知させる**

・事業場の見やすい箇所に掲示すればよい
　※ 選任届を提出する必要はない

化学物質管理者は、事業場における化学物質の管理に係る技術的事項を管理するものと位置付けられています。事業者は、化学物質の危険性、有害性を把握して、労働者の危険、健康障害を防止するために適切な措置を講ずる必要があり、化学物質管理者がその技術的側面の管理を担当するのです。具体的には、化学物質の表示および通知に関する事項、リスクアセスメントの実施および記録の保存、ばく露低減対策、労働災害発生時の対応、労働者に対する教育などの管理が該当します。

　リスクアセスメント対象物を製造し、または取り扱う事業場、およびリスクアセスメント対象物の譲渡・提供を行う事業場においては、事業場の規模や業種にかかわらず、事業場内の労働者から化学物質管理者を選任することが必要です。

　化学物質管理者を選任したときは、その氏名を事業場の見やすい箇所に掲示すること等により関係労働者に周知させます。選任届を労働基準監督署に提出する必要はありません。

　化学物質管理者は、その職務を適切に遂行するために必要な権限が付与される必要があります。

## (1)　化学物質管理者の選任（リスクアセスメント対象物を製造する事業場）

　化学物質管理者の選任は、製造する事業場ごとに行います。すなわち、工場、店社、営業所等の事業場を1つの単位として選任します（**図1・1**）。事業場の状況に応じ、1つの事業場内に複数人の化学物質管理者を選任して業務を分担することは可能ですが、業務に抜け落ちが発生しないよう十分な連携を図る必要があります。

　化学物質を製造している事業場、取り扱う事業場のいずれに該当するかどうか

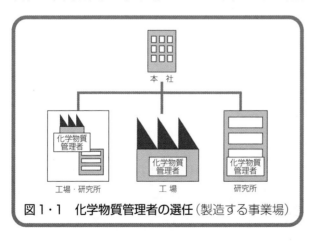

**図1・1　化学物質管理者の選任**（製造する事業場）

については、安衛則第12条の5第3項第2号イまたはロの適用に係る問題であり、施行通達、省令公布時の意見募集（パブリックコメント）への回答、国が示す質疑応答などを参照し、一義的には事業者が（最終的には当局が）判断する必要があります。

　これまでの質疑応答などを通じ、整理されているものを以下に掲げます。

・ある工場でリスクアセスメント対象物を製造し、別の事業場でラベル表示の作成を行う場合は、その工場と事業場のそれぞれで化学物質管理者の選任が必要となる。

・原材料を混合して新たな製品を製造する事業場については、その製品がリスクアセスメント対象物に該当する場合は、リスクアセスメントが義務付けられている化学物質を製造する事業場に該当する。混合時に化学反応を伴うかどうかにはよらない。

・化学物質を事業場内で混合・調合してそのまま消費する場合は、事業場外に出荷しないため、リスクアセスメント対象物を製造する事業場には該当しない。

・化学物質に係る製品を輸入し、譲渡または提供のみ行う事業場は、リスクアセスメント対象物を製造する事業場には該当しない。

　リスクアセスメント対象物を製造する事業場における化学物質管理者は、所定の化学物質の管理に関する講習を修了した者から選任する必要があり、化学物質管理者のための講習の科目と範囲、時間については厚生労働省告示に**表1・1**のように示されています。

　化学物質管理者のための講習は、多くの外部研修機関が実施していますが、事業者自らが実施することとしても差し支えありません。講義および実習の各科目に定める内容について必要な知識や実務経験等を有する内外の者を講師として、告示に準拠して実施すればよいのです。

　事業者が自ら実施する講習（外部講師を招聘して実施するものを含む）については、選任した化学物質管理者が要件を満たしていることを、労働基準監督機関等の求めに応じて明らかにす

化学物質管理者　化学一郎　選任したことを皆に知らせなくちゃ！

3

表1・1　リスクアセスメント対象物製造事業場向け　化学物質管理者講習カリキュラム

| | 科 目 | 範 囲 | 時 間 |
|---|---|---|---|
| 講義 | 化学物質の危険性及び有害性並びに表示等 | 化学物質の危険性及び有害性<br>化学物質による健康障害の病理及び症状<br>化学物質の危険性又は有害性等の表示、文書及び通知 | 2時間30分 |
| | 化学物質の危険性又は有害性等の調査 | 化学物質の危険性又は有害性等の調査の時期及び方法並びにその結果の記録 | 3時間 |
| | 化学物質の危険性又は有害性等の調査の結果に基づく措置等その他必要な記録等 | 化学物質のばく露の濃度の基準<br>化学物質の濃度の測定方法<br>化学物質の危険性又は有害性等の調査の結果に基づく労働者の危険又は健康障害を防止するための措置等及び当該措置等の記録<br>がん原性物質等の製造等業務従事者の記録<br>保護具の種類、性能、使用方法及び管理<br>労働者に対する化学物質管理に必要な教育の方法 | 2時間 |
| | 化学物質を原因とする災害発生時の対応 | 災害発生時の措置 | 30分 |
| | 関係法令 | 労働安全衛生法、労働安全衛生法施行令及び労働安全衛生規則の関係条項 | 1時間 |
| 実習 | 化学物質の危険性又は有害性等の調査及びその結果に基づく措置等 | 化学物質の危険性又は有害性等の調査及びその結果に基づく労働者の危険又は健康障害を防止するための措置並びに当該調査の結果及び措置の記録<br>保護具の選択及び使用 | 3時間 |

（令和4年厚生労働省告示第276号）

る必要があるため、実施した講習の日時、実施者、科目、内容、時間数、担当講師、使用教材などを記録し保存しておく必要があります。事業者において、外部講師を招聘して化学物質管理者講習を実施した場合の実施記録と受講者一覧の例を**図1・2**、**図1・3**に示します。

⑵　**化学物質管理者の選任**（リスクアセスメント対象物を製造する事業場以外の事業場）

　リスクアセスメント対象物を取り扱う事業場における化学物質管理者の選任は、事業場ごとに行います。すなわち、工場、店社、営業所等の事業場を1つの単位として選任します。

　化学物質管理者は、有期工事であるか否かにかかわらず選任する必要がありますが、工場、店社等の事業場単位で選任するものであり、建設現場など出張先での作業については、出張先の建設現場ごとに化学物質管理者を配置する必要はありません。作業に従事する労働者の所属する事業場ごとに化学物質管理者を選任し、その者に現場の化学物質管理を行わせます（**図1・4**）。その建設現場を管理する元方事業者については、元方事業者の労働者がリスクアセスメント対象物を取り扱う場合に、化学物質管理者の選任が必要となります。

| 記録保存用 |
| --- |

**化学物質管理者専門的講習（製造事業場向け）
カリキュラム**

実施日：令和　年　月　日〜　日
実施者：（事業場）
講師：

【1日目】

| | 時間 | 科目 | 範囲 | 講師 |
|---|---|---|---|---|
| 1 | 9.10-11.50<br>（150分<br>/休憩10分） | 化学物質の危険性及び有害性並びに表示等 | 化学物質による健康障害の病理及び症状<br>化学物質の危険性及び有害性<br>化学物質の危険性又は有害性等の表示、文書及び通知 | |
| 2 | 12.50-13.50<br>（60分） | 関係法令 | 労働安全衛生法、労働安全衛生法施行令及び労働安全衛生規則中の関係条項 | |
| 3 | 13.50-14.20<br>（30分） | 化学物質を原因とする災害発生時の対応 | 災害発生時の措置 | |
| 4 | 14.30-16.40<br>（120分<br>/休憩10分） | 化学物質の危険性または有害性等の調査の結果に基づく措置等その他必要な記録等 | 化学物質のばく露の濃度の基準<br>化学物質の濃度の測定方法<br>化学物質の危険性又は有害性等の調査の結果に基づく労働者の危険又は健康障害を防止するための措置等及び当該措置等の記録<br>がん原性物質等の製造等業務従事者の記録<br>保護具の種類、性能、使用方法及び管理<br>労働者に対する化学物質管理に必要な教育の方法 | |

【2日目】

| | 時間 | 科目 | 範囲 | 講師 |
|---|---|---|---|---|
| 5 | 9.00-12.10<br>（180分/休憩10分） | 化学物質の危険性又は有害性等の調査 | 調査の時期及び方法並びに結果の記録 | |
| 6 | 13.10-16.10<br>（180分） | 化学物質の危険性又は有害性等の調査及びその結果に基づく措置等<br>【実習】 | 労働者の危険又は健康障害を防止するための措置<br>調査の結果及び措置の記録<br>保護具の選択及び使用 | |

・令和4年厚生労働省告示第276号に基づくカリキュラム。
・全ての科目を修了した者は、安衛則第12条の5第3項第2号イに規定する化学物質管理者の選任要件を満たす。

使用教材：「化学物質管理者選任時研修テキスト」（中央労働災害防止協会）
実施場所：

所定の科目につき講習を実施したことを証明します。

令和　年　月　日
講師氏名
連絡先

**図1・2　化学物質管理者講習の実施記録（例）**

化学物質を取り扱う事業場の考え方について、次の点を補足します。
・密閉された状態の製品を保管するだけで、容器の開閉等を行わない場合は、リスクアセスメント対象物を取り扱う事業場には該当しない。また、リスク

| | | 記録保存用 | | | | | (乙) |
|---|---|---|---|---|---|---|---|

化学物質管理者専門的講習　受講者名簿

令和　　年　月　日
実施者：（事業場）

| | 氏名 | 所属・役職 | | 備考 |
|---|---|---|---|---|
| 1 | | | | |
| 2 | | | | |
| 3 | | | | |
| 4 | | | | |
| 5 | | | | |
| 6 | | | | |
| 7 | | | | |

全ての科目を受講したことを証明します。

令和　　年　　月　　日
事業場名
　　　　（事務責任者）_____

**図1・3　化学物質管理者講習の受講者一覧**（例）

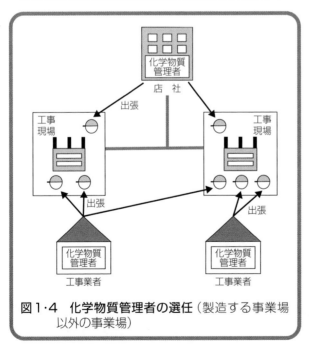

**図1・4　化学物質管理者の選任**（製造する事業場以外の事業場）

アセスメント対象物には、主に一般消費者の生活の用に供される製品を含まない（ただし、当該製品の範囲についての解釈は、あくまで労働安全衛生法令に係るものによること）。

化学物質を取り扱う事業場における化学物質管理者は、前項(1)の要件を満たす者のほか、後述の職務を担当するために必要な能力を有すると認められる者のうちから選任することとされています。具体的には、厚生労働省労働基準

表1・2　リスクアセスメント対象物取扱い事業場向け　化学物質管理者講習カリキュラム

| | 科　目 | 範　囲 | 時　間 |
|---|---|---|---|
| 講義 | 化学物質の危険性及び有害性並びに表示等 | 化学物質の危険性及び有害性<br>化学物質による健康障害の病理及び症状<br>化学物質の危険性又は有害性等の表示、文書及び通知 | 1時間30分 |
| | 化学物質の危険性又は有害性等の調査 | 化学物質の危険性又は有害性等の調査の時期及び方法並びにその結果の記録 | 2時間 |
| | 化学物質の危険性又は有害性等の調査の結果に基づく措置等その他必要な記録等 | 化学物質のばく露の濃度の基準<br>化学物質の濃度の測定方法<br>化学物質の危険性又は有害性等の調査の結果に基づく労働者の危険又は健康障害を防止するための措置等及び当該措置等の記録<br>がん原性物質等の製造等業務従事者の記録<br>保護具の種類、性能、使用方法及び管理<br>労働者に対する化学物質管理に必要な教育の方法 | 1時間30分 |
| | 化学物質を原因とする災害発生時の対応 | 災害発生時の措置 | 30分 |
| | 関係法令 | 労働安全衛生法、労働安全衛生法施行令及び労働安全衛生規則の関係条項 | 30分 |

(令和4年9月7日付け基発0907 第1号)

局長名の通達に、**表1・2**のように科目と内容、時間が示されているので、これに従うのが良いでしょう。通達に準拠した講習は、多くの外部研修機関が実施していますが、(1)と同様に、事業者自らが実施することとしても差し支えありません。

## ２．化学物質管理者の職務

化学物質管理者の職務は、法令で次のように定められています。

① リスクアセスメント対象物のラベル表示、危険有害性情報の通知に関すること

② リスクアセスメントの実施に関すること

③ リスクアセスメント等の結果に基づく措置の内容およびその実施に関すること

④ リスクアセスメント対象物を原因とする労働災害が発生した場合の対応に関すること

⑤ リスクアセスメントの結果の記録の作成と保存、その周知に関すること

⑥ リスクアセスメントの結果に基づくばく露低減措置等に関する記録と保存、及び労働者への周知に関すること

⑦ 労働者に対する必要な教育に関すること

これらについて、具体的な実施事項の例を挙げると、**表1・3**のようになります。あくまで例示であり、職務を網羅しているわけではありません。

表1・3 化学物質管理者の具体的な実施事項（例）

| | 職務 | 実施事項の例 | 関連する法令の例 |
|---|---|---|---|
| 1 | リスクアセスメント対象物の**ラベル表示**、危険有害性情報の**通知**に関すること | 譲渡・提供される化学品のラベル表示、SDSの点検と保管、労働者への周知<br>小分け保管時に必要な表示 | 法第57条、第57条の2、則第24条の14、法第101条<br>則第33条の2 |
| 2 | リスクアセスメントの**実施**に関すること | 対象物質、作業状況、手法の決定と評価、実施の管理 | 法第57条の3<br>法第28条の2 |
| 3 | リスクアセスメント等の結果に基づく**措置**の内容およびその実施に関すること | ばく露の程度を最小限度とすること。<br>濃度基準値以下とすること。<br>ばく露防止措置の選択と実施の管理 | 則第577条の2<br>則第577条の3 |
| 4 | リスクアセスメント対象物を原因とする労働**災害**が発生した場合の対応に関すること | 災害発生時の応急措置の訓練と計画<br>災害発生時の各種対応（通報を含む）<br>監督署長の改善指示への対応 | 則第577条の2第4項、第34条の2の10<br>則第96条、第97条、第97条の2 |
| 5 | リスクアセスメントの**結果の記録**の作成と保存、その周知に関すること | 次の実施までの期間かつ3か年分保存<br>名称、対象業務、結果、措置の周知 | 則第34条の2の8 |
| 6 | リスクアセスメントの結果に基づく**ばく露低減措置等に関する記録**と保存、及び労働者への周知に関すること | 1年以内ごとの次の記録と3年間*保存<br>・ばく露防止措置とその労働者の意見聴取の状況<br>・ばく露の状況（3年/30年*）<br>・がん原性物質の取扱い等に従事した労働者の氏名と作業の概要、従事期間、汚染される事態が生じたときの概要、応急の措置（30年*） | 則第577条の2第11項<br><br><br><br>*がん原性物質については、30年保存 |
| 7 | 労働者に対する必要な**教育**に関すること | 1〜3の事項を管理するにあたっての労働者に対する必要な教育<br>雇入れ時教育 | 法第59条 |

　事業場の規模にもよりますが、リスクアセスメントや教育そのものを自ら実施せず、現場管理者が行うこれらの事項を適切に管理する方法もあります。また、事業場に衛生管理者や安全管理者が選任されている場合は、それらの統括の下、化学物質管理の技術的事項を管理すればよいのです。

## 3．保護具着用管理責任者とは（安衛則第12条の6）

　化学物質の自律的な管理において、リスクアセスメントの結果に基づく措置として、労働者に有効な呼吸用保護具を使用させることも可能ですが、それに

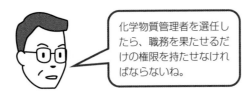

化学物質管理者を選任したら、職務を果たせるだけの権限を持たせなければならないね。

は保護具の選定、使用方法および保守管理が適切に行われることが必要です。そこで保護具着用管理責任者がこれらを管理することとされているものであり、化学物質管理者は、保護具着用管理責任者と連携する必要があります。

## (1)　保護具着用管理責任者の選任

　保護具着用管理責任者の選任は、化学物質管理者と同様に、事業場ごとに行います。有機溶剤作業主任者などと異なり、作業現場ごと、交替制勤務の直ごとの選任は求められません。

　保護具着用管理責任者は、保護具に関する知識および経験を有すると認められる者、例えば、次に掲げる者のうちから選任することができます。

　・第1種衛生管理者免許または衛生工学衛生管理者免許を受けた者
　・該当する作業に応じ、所定の作業主任者技能講習を修了した者：「有機溶剤作業主任者技能講習」、「鉛作業主任者技能講習」、「特定化学物質及び四アルキル鉛等作業主任者技能講習」
　・登録教習機関が行う安全衛生推進者に係る講習を修了した者、大学を卒業後1年以上安全衛生の実務に従事した経験を有する者、高等学校を卒業後3年以上安全衛生の実務に従事した経験を有する者、5年以上安全衛生の実務に従事した経験を有する者

　上に掲げた者については、法令に基づき保護具着用管理責任者として選任することが可能ですが、保護具を正しく選択し、使用させ、保守管理することができるよう、必要な知識と経験については今一度確認しておきましょう。

　これら保護具着用管理責任者の要件を満たす者から選任する際に、あらかじめ受講することが望ましい教育として、「保護具着用管理責任者に対する教育実施要領」が通達で示されています（**表1・4**）。保護具に関連する労働災害が多数発生していることを考えると、古い知識のままで管理責任を負わせることは勧められません。化学物質管理者の講習と同様に、事業者自らこの教育を実施できますが、各地の安全衛生団体等でも実施するところが増えてきました。学科と実技の組合せにより行う必要があるため、特に外部の機関が実施する教育を受講する場合は、実技科目がその事業場での作業に関連する保護具に合ったものを選択するようにします。

表1・4　保護具の管理に関する教育

| | 科　目 | 範　囲 | 時　間 |
|---|---|---|---|
| 学科科目 | 保護具着用管理 | 保護具着用管理責任者の役割と職務<br>保護具に関する教育の方法 | 30分 |
| | 保護具に関する知識 | 保護具の適正な選択に関すること<br>労働者の保護具の適正な使用に関すること<br>保護具の保守管理に関すること | 3時間 |
| | 労働災害の防止に関する知識 | 保護具使用に当たって留意すべき労働災害の事例及び防止方法 | 1時間 |
| | 関係法令 | 労働安全衛生法、労働安全衛生法施行令及び労働安全衛生規則中の関係条項 | 30分 |
| 実技科目* | 保護具の使用方法等 | 保護具の適正な選択に関すること。<br>労働者の保護具の適正な使用に関すること。<br>保護具の保守管理に関すること。 | 1時間 |

＊分割して行う場合、学科科目より前の日には行わないこと。　　　（令和4年12月26日付け基安化発1226第1号）

　事業場内に前述の要件に該当する者がいない場合は、保護具の管理に関する教育を受講しなければ、保護具着用管理責任者を選任できません。

　なお、事業場が特別則の対象物質も取り扱っている場合で、かつ、第三管理区分作業場を含む場合には、作業主任者がその対応をする必要があります。保護具着用管理責任者は、呼吸用保護具に関する措置を行い、作業主任者を指導する必要があるため、第三管理区分作業場を含む場合の保護具着用管理責任者は作業主任者と兼務できないことになります。

### (2) 保護具着用管理責任者の職務

　保護具着用管理責任者は、化学物質管理者が選任された事業場において、リスクアセスメントの結果に基づく措置として行う労働者の保護具の使用に関し、次の事項を管理します。

①　保護具の適正な選択に関すること

②　労働者の保護具の適正な使用に関すること

③　保護具の保守管理に関すること

④　特別則で規定する第三管理区分場所における各種措置のうち、呼吸用保護具に関すること

⑤　第三管理区分場所における作業主任者の職務のうち、呼吸用保護具に関する事項について必要な指導を行うこと

これらの職務に当たっては、厚生労働省労働基準局長名の関係通達＊に基づ

き対応することとされています。

　労働衛生保護具には、防じんマスク、防毒マスク、保護衣、保護手袋、履物、保護眼鏡などさまざまな種類があり、事業場で製造し、または取り扱う化学物質の種類や作業状況により適正に選択する必要があります。特に皮膚等への直接接触の防止が必要とされる化学物質は、リスクアセスメント対象物に限りません。また、労働衛生保護具は、関係労働者に対して正しい使用方法を徹底すること、正しく保守管理することにより、初めて所要のばく露低減効果が得られるものであることに留意しましょう。

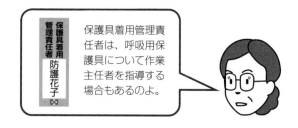

保護具着用管理責任者は、呼吸用保護具について作業主任者を指導する場合もあるのよ。

保護具着用
管理責任者
防護花子

---

＊「防じんマスク、防毒マスク及び電動ファン付き呼吸用保護具の選択、使用等について」（令和５年５月25日付け基発0525第３号）

## 第2章　化学物質の災害が起こったら
## ～災害発生時の対応～

　化学物質のリスクアセスメントは、化学物質を原因とする災害のリスクを減らすために行いますが、それでも災害が発生した場合には、被害を最小限にするための応急措置が必要となります。発生する災害の種類と、着目する被害により対応が異なるため、あらかじめ対策を考えておきましょう。

○災害発生時の応急処置は、災害の種類により異なる
  ・吸い込んだ場合：一刻も早く対応、二次災害に注意
  ・飲み込んだ場合：吐かせてよい場合とだめな場合がある
  ・皮膚に付着した場合：多量の水で化学物質を洗い流す
  ・眼に入った場合：流水で十分に洗い流す
  ・心肺停止等：居合わせた人による心肺蘇生で救急隊につなぐ
○化学物質管理者は、その場にいないことを想定して教育・訓練する
  ・職長等が知っておくべき事項
  ・個々の作業者が知っておくべき事項

## 1．化学物質による労働災害と化学物質管理者
　リスクアセスメント対象物を原因とする労働災害が発生した場合の対応に関することは、化学物質管理者の職務とされています。もちろん、リスクアセスメント対象物でない化学物質による労働災害にも注意が必要です。さまざまな酸・アルカリによる化学熱傷や皮膚炎などの労働災害も発生する可能性はあり、それらも含めて幅広く対応することが求められます。

表2・1　化学物質（爆発性の物等、引火性の物、可燃性のガス、有害物）による労働災害（休業4日以上の死傷災害）

| 年 | 平成19 | 22 | 25 | 28 | 令和元 | 4 |
|---|---|---|---|---|---|---|
| 死傷者数 | 640 | 500 | 474 | 447 | 450 | 364 |

（資料：労働者死傷病報告）

表2・2　化学物質による健康障害の発生状況（平成30年）

| | 件数 | 障害内容別の件数（重複あり） | | |
|---|---|---|---|---|
| | | 中毒等 | 眼障害 | 皮膚障害 |
| 特別則対象物質 | 77 (18.5%) | 38 (42.2%) | 18 (20.0%) | 34 (37.8%) |
| 特別則以外のSDS交付義務対象物質 | 114 (27.4%) | 15 (11.5%) | 40 (30.8%) | 75 (57.7%) |
| SDS交付義務対象外物質 | 63 (15.1%) | 5 (7.5%) | 27 (40.3%) | 35 (52.2%) |
| 物質名が特定できていないもの | 162 (38.9%) | 10 (5.8%) | 46 (26.7%) | 116 (67.4%) |
| 合　計 | 416 | 68 (14.8%) | 131 (28.5%) | 260 (56.6%) |

（資料：厚生労働省資料）

# 2．化学物質による労働災害への備え

　次のような材料を参考に、事業場で起こり得る労働災害の種類や影響の程度をあらかじめ考えておきましょう。

## ⑴　労働災害の発生状況から予測する

　所属する事業場で起こるかも知れない労働災害の種類を知るには、過去にそこで発生した事例だけでは不十分です。厚生労働省の労働者死傷病報告によると、休業4日以上の労働災害に限っても全国で年間450件程度発生しており、発生しやすい労働災害の種類を予測したり、厚生労働省「職場のあんぜんサイト」に掲載された災害事例から、業務に関連しそうなものを洗い出すことは有効です（表2・1、表2・2）。

ほとんどの災害が、規則で規制されていない物質が原因で発生しているのね…。

## ⑵ 化学物質による災害は、業種によらない

　化学物質を原因とする労働災害は、さまざまな業種で発生しているという点も重要です。平成30〜令和4年までの5年間に発生した休業4日以上の死傷災害1,960人のうち、44％は製造業で、15％は建設業でした。化学工業に次いで多いのは、金属製品製造業、食料品製造業、建築工事業であり、いずれも100人以上（年当たり20人以上）となっています（**図2・1**）。

　さらに、製造業、建設業以外では、接客娯楽業、商業、清掃・と畜業で100

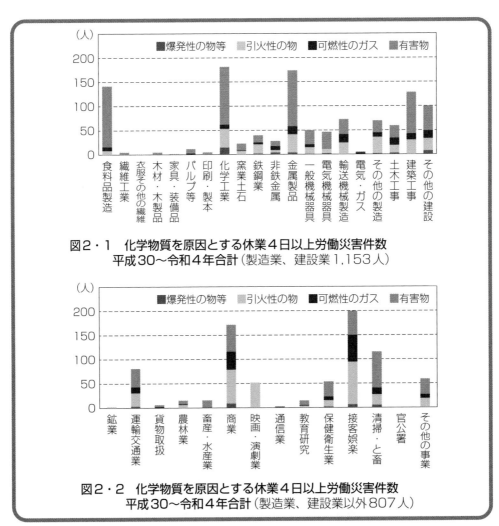

図2・1　化学物質を原因とする休業4日以上労働災害件数
平成30〜令和4年合計（製造業、建設業1,153人）

図2・2　化学物質を原因とする休業4日以上労働災害件数
平成30〜令和4年合計（製造業、建設業以外807人）

人以上となっており、サービス産業も含め、一般に広く使われる化学物質についても対策が必要なことがわかります（図2・2）。

### (3)　応急措置が必要な労働災害

　化学物質を吸い込んだ場合や飲み込んだ場合、化学物質が皮膚に付着した場合や眼に入った場合は、化学物質の種類やばく露の状況により、応急措置が必要となります。また、化学物質に直接触れた場所のみにとらわれがちですが、一旦体内に入った化学物質により、数時間から半日後に全身中毒症状を起こすこともあるので気を付けなければなりません。

### (4)　化学物質を原因とする負傷

　引火性の化学物質が着火して、火災によるやけどを負うこともあります。化学物質による爆発が発生することによる負傷の可能性もあるのです。

## 3．応急措置の考え方

　実際に発生した労働災害への対応は、化学物質の種類やばく露の状況により異なりますが、ここではあらかじめ知っておくべき、化学物質全般に共通する応急措置について紹介します。
　火災によるやけどへの対応については省略します。

### (1)　皮膚に付着した場合

　軽症のものを含めると、多数発生しています。
　①　付着した部分の範囲を把握する。面積や場所によっては生命にかかわることがある。
　②　作業衣等に化学物質が付着していれば脱がせる。皮膚に貼りついている場合は無理にはがさない。
　③　多量の水で化学物質を洗い流す。揮発しない化学物質については、特に洗い残しがないよう注意する。

> 皮膚に付着したとき、特に痛みを感じなくても、そこから体内に吸収されて健康障害を生ずるおそれのある物質（皮膚吸収性有害物質）もあるから注意しよう！

## (2) 眼に入った場合

　特に、業務用洗剤や殺菌剤など、危険性・有害性を意識せずに使いがちな混合物でも多数発生しており、なかには適切で迅速な応急措置がとられなければ、失明していたであろうという事例もあります。以下に、本人がとるべき対応の例を示します。

　① 一刻も早く流水で洗い流す。15分以上は続けるほうがよい。

　② コンタクトレンズを着用している場合は、①を数分間行った後に、コンタクトレンズを容易に外せそうな場合は外してみる（無理をしない）。その後も①を続ける。

　③ 眼の刺激が続く場合その他必要に応じ、眼科医等の診断または手当を受ける（SDSを持参する）。

## (3) 吸い込んだ場合

　① 化学物質のさらなる吸入を防ぐため、十分に離れた新鮮な空気の場所へ移動する。救助者の被災（二次災害）のおそれにも注意する。

　② ゆったり呼吸できるよう休息させる。吐き気がある場合は、吐いた物がのどにつまらないように注意する。

　③ 吸い込んだ化学物質によりさまざまな健康への影響が懸念されるため、医師の診断または手当を受ける（SDSを持参する）。アレルギー性の症状（喘息性のヒューヒューという音）が出ると短時間に呼吸困難となるため、アレルギー性（感作性）物質を吸い込み呼吸に異常がみられた場合は一刻も早く救急搬送する。

## (4) 飲み込んだ場合

　水で口をすすぎ、医師の診断または手当を受けましょう（SDSを持参する）。

 眼に入った場合は、水で洗い流しきれない物質などで、時間が経ってから悪化することがあるのよ。

 眼を洗うことのできる設備のある場所を、あらかじめ把握しておこう。

表2・3　吐かせてはならない場合

| 飲み込んだ物質 | 対　処 | 理　由 |
|---|---|---|
| 酸性・アルカリ性の液体を飲んだとき | 吐かせてはいけない<br>水は飲ませてよい | のどや食道を通るときに苦しむ<br>胃は比較的強い |
| 灯油・軽油を飲んだとき | 吐かせてはいけない<br>水も与えてはダメ | 気道に入ると命取り<br>水を飲むと吐いてしまう |

吐かせて取り除いてよい物質は限られていて、特に酸・アルカリなどの刺激性の物質、灯油や軽油など石油類については、吐かせてはなりません（専門家の処置に任せる）（**表2・3**）。

### ⑸　心肺停止の場合〜居合わせた者による心肺蘇生〜

　呼吸停止、心停止またはこれに近い状態に陥った場合は、通報から救急隊が駆けつけるまでの間に、救命の可能性が刻一刻と低くなっていきます（**図2・3**）。しかしこの短い時間に、その場に居合わせた同僚や職長が心肺蘇生を実施すれば回復する可能性が高まるのです。これを「一次救命処置」といいます。

　職場における成人に対する一次救命処置は、胸骨圧迫とAED（利用できる場合）による心肺蘇生を原則とします（**図2・4**、**図2・5**）。胸骨圧迫による心肺蘇生法は、自治体消防や日本赤十字社が講習を実施しているので、あらかじめ受講しておきたいものです。

　なおAEDは、自動診断により、心臓がけいれんして機能しなくなった人のけいれんを電気ショックにより取り除く機器で、救命の専門家でない人の使用を前提としているので、躊躇せず使用しましょう（電気ショックが不要な人には作動しない）。

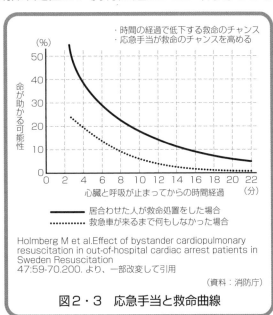

Holmberg M et al.Effect of bystander cardiopulmonary resuscitation in out-of-hospital cardiac arrest patients in Sweden Resuscitation 47:59-70.200. より、一部改変して引用

（資料：消防庁）

図2・3　応急手当と救命曲線

頭部後屈・あご先挙上法による気道確保　　　　胸骨圧迫

図2・4　一次救命処置 心肺蘇生

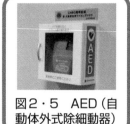

図2・5　AED（自動体外式除細動器）

## 4．災害時に役立つ化学物質のマメ知識

　化学物質による急性中毒の特徴を少しでも知っておくと、災害に直面したときに役立ちます。

### ⑴　化学物質を吸い込んだとき

　ア．喘息症状（化学アレルギー）

　【状況】

　　・ごく少量を吸い込んだだけなのに、呼吸困難でひどく苦しそう。

　　・気道が狭まり息を吐くことが辛い。ヒューヒューと音がする。せき込むと止まらない。

　　・アレルギー性の化学物質を吸い込んだ：ニッケル、ホルムアルデヒド、イソシアネートなど（第3章を参照）

　　・特定の人だけに症状が出ている。

　【応急措置】

　　・呼吸に異常がみられた場合は、一刻も早く救急隊を呼び医療機関に運び込む。

　　　　　　　　　　　　　　　　イ．その他の呼吸困難（化学性肺炎）

　　　　　　　　　　　　　　　　　【状況】

アレルギー性（感作性）の化学物質は、あらかじめ調べておくことができる。SDSも備えておこう。

　　　　　　　　　　　　　　　　　　・酸やアルカリなどの刺激性物質（蒸気、粉末など）を吸い込んだあと、息苦しくなった（肺の内部がただれている）。

　　　　　　　　　　　　　　　　　　・漂白剤に誤って酸を混合したために

発生したガスを深く吸い込んでしまい、喉がはれ、呼吸困難にもなった。

・吸い込んだ後数時間のうちに呼吸困難となり、顔や手足が青白くなった。

【応急措置】

・症状が悪化することがあることに注意する。

・吸い込んだ化学物質の種類や量により、速やかに医療機関に運び込む。

化学物質によっては、急性中毒に注意が必要なものがある。ラベルやSDSでよく確認しておこう。

(2) **化学物質に直接触れたとき**

ア．**化学物質によるかぶれ（接触性皮膚炎）**

【状況】

・皮膚に付着したら赤くかぶれた。

・皮膚に付着したところに痛み、かゆみがある（化学物質の種類により、アレルギー性皮膚炎のこともある）。

【応急措置】

・３．の(1)による。

イ．**化学熱傷**

【状況】

・酸やアルカリなどが皮膚に付着したところ、激しい痛みがあり、皮膚を損傷した。

・硝酸が付着した部分の皮膚が変色した。

・塩素化炭化水素の溶剤に触れた指の先が真っ白くなり（脱脂）、その部分の皮膚が固くなった。

・水酸化ナトリウム水溶液がついた指の先がぬるぬる（溶解）し、指紋がなくなってしまった。

【応急措置】

・３．の(1)による。

・熱によるやけどと同様に、傷ついた

保護手袋は、化学物質の防護性能を確認して選択する。
JIS T 8116やASTM F 739に基づく性能表示のないもの（食品衛生用など）は化学物質から保護されないと考えるべきだね。

保護手袋の手袋素材と化学物質には相性があって、透過せずに耐えられる時間も数分から数時間と大きくばらつくので、個別に防護性能を確認して使用時間を決めるんだ（保護具着用管理責任者の役割）。

部分の面積が広い場合や、水ぶくれや傷みが激しいなど傷が深部に達している場合は重度である。直ちに医療機関で受診させる。

### (3) 化学物質を誤って飲んだとき

【状況】

・底に溜まった灯油をチューブで吸い上げた（×やってはいけない）ところ、チューブが液面から離れて灯油を飲み込んでしまい、気分が悪くなった。

・ペットボトルの飲料を飲んだら、同僚が小分け保管していた除草剤だった。

【応急措置】

・3．の(4)による。

## 5．災害発生時に役立つSDSの情報

### (1) 医療機関等への化学物質情報の伝達

救急隊や医療機関に対し、ばく露した化学物質の名称その他の情報を正確に伝えることができれば、診察や治療に大いに役立ちますが、緊急時における口頭でのやり取りでは信頼性が低くなってしまいます。

そのため、SDSを取り出してその化学物質に関する必要な情報を確実に伝達することが必要です。これにより、医療機関等では、同じような症状があらわれる多くの原因可能性の中から正しいものを速やかに絞り込むことができます。

リスクアセスメント対象物を、購入した容器（ラベル表示あり）から別の容器に小分けして保管するときは、その名称と人体に及ぼす作用を小分け容器に表示するなどして、明らかにする必要があるのよ（化学物質管理者の役割）。

### (2) 管理者があらかじめ知っておくべきSDSの情報

SDSに記載されている16の項目の中で、「4.応急措置」「5.災害時の措置」「6.漏出時の措置」の3つについては、管理者（化学物質管理者、職長など）があらかじ

---

安全データシート

○○○○

作成日　　○年○月○日
改定日　　△年△月△日

～～～～～～～～～～～～～～～～～～～～～～～～～～～

**4.応急措置**

| | |
|---|---|
| 吸入した場合 | 直ちに新鮮な空気の場所に移し、鼻や口を清浄に保つ。 |
| 皮膚に付着した場合 | 直ちに付着部を多量の水で十分に洗い流す。 |
| 眼に入った場合 | 直ちに流水で15分間以上洗い流す。必要に応じて眼科医の処置を受ける。 |
| 飲み込んだ場合 | 無理に吐き出させない。揮発性があるので、肺に吸い込むと危険。速やかに医師の処置を受ける。 |
| 応急措置をする者の保護 | 救助者は、化学防護手袋とゴグル形保護眼鏡を着用する。 |
| 急性症状及び遅発性症状の最も重要な兆候及び症状 | 吸入すると、唾液分泌過多、顔面紅潮、咳、めまい、し眠、頭痛、咽頭痛、意識喪失、吐き気、嘔吐などを起こす。 |

**5．火災時の措置**

| | |
|---|---|
| 適切な消火剤 | 水、粉末・二酸化炭素、乾燥砂、耐アルコール性泡消火器 |
| 使ってはならない消火剤 | 普通の泡消火器 |
| 消火方法 | 速やかに容器を安全な場所に移す。移動不可能な場合は、容器及び周囲に散水して冷却する。消火作業は、風上から行う。初期の火災には、粉末・二酸化炭素消火器、乾燥砂などを用いる。 |
| 消火を行う者の保護 | 空気呼吸器など火災時に有効な呼吸用保護具を着用する。 |

**6．漏出時の措置**

| | |
|---|---|
| 人体に対する注意事項、保護具及び緊急時措置 | 一般的措置：作業の際は、有機ガス用防毒マスク、化学防護手袋など有効な呼吸用保護具を着用し、漏洩した蒸気の吸入や、液の皮膚への付着を防ぐ。風上から作業し、風下の人を退避させる。漏洩した場所の周辺にロープを張るなどして関係者以外の立ち入りを禁止する。 |
| 環境に対する注意事項 | （省略） |
| 封じ込め及び浄化の方法及び予防措置 | （省略） |

～～～～～～～～～～～～～～～～～～～～～～～～～～～

図２・６　SDSの記載項目の例：「４．応急措置」「５．火災時の措置」「６．漏出時の措置」

め理解しておく必要があります。それぞれの措置が実際に可能であるか、必要な準備が整っているか、作業場にいる関係者がそれらを理解しているかをあらかじめ検討し、必要なら機材の準備や教育訓練を行いましょう。

# 第3章 化学物質の負の側面
## ～健康障害のしくみと見つけ方～

○健康障害の知識は、現場対応の必要が高いものを優先的に
- 高濃度のばく露による急性中毒
  （IDLH（脱出限界濃度）なども理解しておく）
- 皮膚や粘膜への直接障害
- アレルギー性の症状にも注意
- 眼に入った場合：流水で十分に洗い流す
- 職業がんなど時間を経て発症する疾病

○健康障害の病理として知っておくべき知識がある
- 体内への侵入経路
- 化学物質による障害の種類
- 症状から判断する健康障害
- 粉じんによる健康障害（じん肺など）
- 化学物質によるがん

　職場における化学物質による健康障害の事例をみると、知識の不足や誤った知識によるとみられるものが数多くあります。化学物質を製造し、または取り扱う事業者は、その労働者に化学物質を使用させることになるので、化学物質の利便性と同様に、その有害性や労働者の健康影響についても理解しなければなりません。しかし、取り扱う全ての化学物質について、その有害性を理解するのは大変です。化学物質により発現する症状は、化学物質の固有の性質に加え、ばく露の状況により千差万別であるためです。健康障害が実際に生じた場

合の診断と治療については、専門的な知識を有する医師にゆだねることになります。

　自律的な化学物質管理においては、事業者が、個別規制対象よりも多くの種類の化学物質を管理することが求められますが、労働者、現場管理者、化学物質管理者など事業場の構成員が、それぞれの立場で必要な知識をもつことで、適正な化学物質管理を行うことができます。

　ここでは、現場管理者や労働者と、化学物質管理者のそれぞれの立場で必要と思われる最低限の知識を、遭遇する頻度や影響の程度を勘案しながら整理して説明します。現場対応の知識は、第2章で述べた災害発生時の対応を考える上での基礎にもなるものです。

## 1. 現場対応からみた化学物質による健康障害

　まず、現場管理者や労働者が実際に遭遇する可能性の高い、重篤な健康障害について概要を説明します。

### ⑴ 高濃度のばく露による急性中毒

　一度に高濃度で大量の化学物質を吸入した場合などに発生します。「高濃度」、「大量」とされる数値は化学物質ごとに違うため、あらかじめ安全データシート（SDS）などで確認しておく必要があります。短時間濃度基準値が設定されているリスクアセスメント対象物や、ACGIH（米国産業衛生専門家会議）でTLV-STEL（短時間ばく露限界値）、TLV-C（一瞬でも超えてはいけない天井値）などが設定されている物質には特に留意しなければなりません。

　また、ヒトが鼻で感じる化学物質の臭気は、正しく機能する場合とそうでない場合があります。例えば、アンモニアは、1.5ppm程度で多くの人が臭いを感じ、「IDLH」（脱出限界濃度）という退避が必要な濃度300ppmより2ケタ低く気づくことができる一方、一酸化炭素は無色無臭であるため、致死に至る濃度まで気づくことができません。

　硫化水素は、化学工業で取り扱われる以外に、下水配管内などで有機物の分解によっても発生し、ほぼ毎年硫化水素による死亡災害が発生しています。硫化水素は、腐敗した卵の臭いで広く知られており、0.3ppm程度でも臭いを

感じる人がいますが、個人差が大きく、臭気に頼っていると、酸素欠乏症等防止規則などで定められた濃度上限値10ppmに対して大きな不安が残ります。さらに、高い（おおむね100ppm程度以上の）濃度では、臭いを感じなくなる（嗅覚が麻痺する）性質があるため、高濃度下や長時間のばく露では硫化水素がなくなったと勘違いし、退避が遅れてしまいます。そのため、ヒトの嗅覚に頼らずに測定器具を備えて、硫化水素濃度を測定しなければなりません。

　有機溶剤のうち、ジクロロメタンは、安価で、油脂、接着剤、油性インクなどを落とす効果が高いため、従来から金属部品の脱脂洗浄剤として幅広く使われてきました。発がん性が問題になるにつれ取扱量は減少しているものの、今も剥離剤などとして使われており、揮発性が極めて高いことから急性中毒も相次いでいます。沸点が40℃であることを考えると、日本の夏の気候ではほぼ沸騰に近い状態ともなります。壁紙の剥離などのためにジクロロメタンを広い面積に塗布すると、室内にジクロロメタンの蒸気が充満してしまいます。眼を開けられないほどの強い刺激性の蒸気が充満することに気づくはずですが、壁面近くはもっと濃度が高くなっているため、さらにリスクが高まります。ドアや空調により換気されたとしても、急性中毒になる濃度であることに違いありません。有機ガス用防毒マスクを使用していても、ジクロロメタンは、短時間（一般の試

---

### コラム　IDLH値を知っていますか

　化学物質によっては、吸い込んだだけで眼や呼吸器が激しく痛んだり身体の機能を損ねたりし、その場から脱出できなくなって死に直結するものがあります。米国労働衛生研究所CDC/NIOSHは、直ちに生命や健康に危険を及ぼす濃度を「IDLH値」として物質ごとに定め、公表しています。

　例えば、塩化水素50ppm、アンモニア300ppm、一酸化炭素1,200ppm、シアン化水素50ppm、アルシン3ppm、二酸化炭素40,000ppm、ジクロロメタン2,300ppm、硫化水素100ppmなどです。

　このIDLH値は、急性毒性の指標の１つであり、プラントや建設工事現場で働く管理者や作業者が知っておくべき実務的な値です。慢性毒

性の指標の多くは、これよりずっと低いこと、実際の濃度分布や個人差を考えると管理目標とはできないことなどから、IDLH値についてはあまり周知されてこなかったようですが、現実的には、これを大きく超える濃度のばく露で死亡したとみられる事例が後を絶ちません。

　自らが取り扱う物質について、死に直結する濃度がどの程度なのかを知っておくことも重要です。

Immediately Dangerous to
Life or Health Values：
https://www.cdc.gov/niosh/
idlh/intridl4.html

験ガスの４分の１未満）で破過
して使用不能となったり、面体
がずれた瞬間に高濃度の蒸気を
吸入したりして、急性中毒とな
るおそれもあるのです。

### (2) 皮膚や粘膜への直接障害

　一般に、揮発性の高い物質に
ついては、吸入によるばく露の
ほうが体内に吸収されやすいと
して問題となることが多いので
すが、化学物質は皮膚や粘膜か

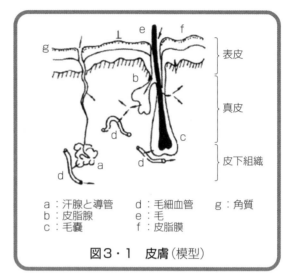

a：汗腺と導管　　d：毛細血管　　g：角質
b：皮脂腺　　　　e：毛
c：毛嚢　　　　　f：皮脂膜

**図３・１　皮膚**（模型）

らも体内に侵入します。少量でも有害性の高いがん原性物質や、染料・顔料と
して使われる芳香族アミンのような揮発性の低い物質については、皮膚や粘膜
から侵入する化学物質の量を無視できないことがあります。化学物質の皮膚や
粘膜からの吸収は、吸入によるばく露と異なり、直接測定ができないのです。

　皮膚は、体内の水分を失わないよう、その一番外側が角質層により守られて
いて、体外からの有害物の侵入も一定程度は抑えてくれます（**図３・１**）。粘膜
は、肺や胃腸、眼、鼻、口など身体の内壁にあり、表面は常に湿っているため、
有害物からの防御能力は、皮膚よりも低くなっています。

### ア．皮膚等を刺激する物質

　　酸やアルカリなど、皮膚等を刺激する物質に直接触れてはいけません。
　SDSには、GHS分類の区分が示されており、皮膚刺激性有害物質かどう
　かを確認することができます。SDSにある「皮膚腐食性・刺激性」「眼に
　対する重篤な損傷性・眼刺激性」「呼吸器感作性又は皮膚感作性」のいずれ
　かで区分１とされていれば、皮膚刺激性有害物質です（**図３・２**）。国の
　GHS分類によれば、特別則の対象を除き、868種類（CAS番号ベース）
　の皮膚刺激性有害物質が示されています。なお、上記の区分のうち「感作
　性」とはアレルギーのことです。(3)で詳しく説明します。

第３章　化学物質の負の側面

25

```
2. 危険有害性の要約
 GHS分類
 健康に対する有害性
  皮膚腐食性・刺激性          区分1
  眼に対する重篤な損傷・眼刺激性  区分1
```

**図3・2　酢酸のSDS情報**（抜粋）

## イ．皮膚等をすり抜けて体内に健康障害を生じさせる物質

　　皮膚等の接触部位で刺激をしないものの、すり抜けて体内に入り、中枢神経、造血細胞、肝臓、腎臓、膀胱などに障害を引き起こす物質があります。皮膚等を通じて一旦体内に入ってしまうと、血流などにより全身に広がるので、吸入ばく露した場合と同様に全身症状があらわれます。

　　皮膚吸収性有害物質は、SDSに示された情報では判別できないことがあり、国がリストにより320種類（CAS番号（P.124参照）ベース。物質名としては296種類）を示しています。このうち、124物質については皮膚刺激性有害物質でもあるので皮膚等に接触した際に刺激で気づきますが、それ以外の物質については、皮膚等から体内に侵入していることに気づかず、長期間にわたりばく露して遅発性の健康障害（膀胱がんなど）を引き起こすおそれもあります。

## (3) 吸入や皮膚接触によるアレルギー

　SDSに示されている国のGHS分類には、呼吸器感作性、皮膚感作性という聞きなれないものが含まれています。吸い込んだり皮膚に接触したりすることでアレルギー反応を引き起こすことがある物質です（**表3・1**）。アレルギーは、ヒトの個体との相互作用で生ずることを念頭に置くと、例えば200人のうちたった1人に症状が出るといった種類のものとなります。皮膚感作性は、接触部位がただれたり炎症を起こしたりするもので、ニッケル製の装飾品による皮膚のはれなどで知られており、業務上では、クロム、コバルト、ホルムアルデヒド、イソシアネート類などでも起きています。

　　吸入によるアレルギーは、喘息症状を

日本産業衛生学会の許容濃度リストでは「皮」マーク、米国のTLV-TWAリストでは「Skin」マークが付けられている物質は要注意だ！

表3・1　感作性物質の例

| 症状 | 感作性物質の例 |
|---|---|
| 喘息 | トリレンジイソシアネート（TDI）、メチレンビス（4,1-フェニレン）＝ジイソシアネート（MDI）、ニッケル、コバルト |
| アレルギー性接触性皮膚炎 | TDI、MDI、フェノール、ホルムアルデヒド、エポキシ樹脂、芳香族ニトロ化合物（ニトロベンゼン、クロロニトロベンゼンなど）クロム、ニッケル、水銀、ベリリウム、コバルト |

※ばく露の状況により、呼吸器と皮膚のどちらに症状が出るかは異なる

喘息発作や呼吸困難の兆候が見られたら、迷わず救急搬送を要請するのよ！

伴うことが多く、気道がふさがり息を吐けなくなり、短時間で呼吸困難になってしまいます。

　感作性物質については、これまで作業者間に症状が出ていないからといって大丈夫とはいえないため、SDSに示されている国のGHS分類（P.42参照）による有害性情報の確認が必要です。

### ⑷　職業がんその他の遅発性影響

　化学物質の発がん性や生殖毒性といった遅発性影響に関する有害性は、全てが解明されているわけではありません。そのため、新たに判明して社会問題となることがあります。1つの事業場の従業員の間に、通常では考えられないような精子減少がみられたり、若年者ではめったに発症しない種類のがんが複数発生したりといった状況が判明すると、他の要因を精査して、因果関係を確認する作業が行われます。また、動物試験などのデータからも、ヒトへの発がん性などが調べられています。そのようにして、重篤な遅発性影響が判明した化学物質については、製造や取扱い時の措置が定められてきましたが、これまでに判明したのはごく一部にすぎないということです。

　自社で使用している化学物質が、後日、職業がんの原因物質と判明する可能性は、特に長年にわたり世界中で使用されてきた物質に限れば、それほど高くないと考えられますが、それでも万一に備え、ばく露の程度を最小限度とする、素手で触れないようにするといったばく露防止措置は必要です。

　ここで、遅発性影響とは、ばく露してから5年、10年のみならず20年以上も視野に入れるものであり、20歳代における化学物質の従事歴が、その後

全く従事歴がなくとも50歳代での発がんの原因となる場合もあるということです。法令で定められた特定の物質、すなわち特化則の特別管理物質44種類と、安衛則のがん原性物質198種類については、作業の記録や健康診断の記録等を30年間保存する義務があります。

## ２．化学物質管理者が知っておくべき健康障害の病理

　化学物質管理者は、使用する化学物質の選定、作業工程の決定、施設設備の管理など、労働者の化学物質によるばく露に影響を及ぼす立場にあることから、これらの意思決定を的確に行うためのより高度な知識が必要です。また、化学物質による健康障害のリスクは、化学物質の種類だけでなくそのばく露の状況にも左右されるため、事業場で行われる作業の実情に詳しい化学物質管理者の役割は一層重要なのです。

　１.に示した現場対応とも一部重複しますが、化学物質管理者として知っておくべき「健康障害が発症するしくみ」を、以下にあらためて整理します。

⑴　化学物質の物理化学的性質と体内への侵入経路
　ア．吸入
　　　液体状物質は、ガス、蒸気として吸い込むことにより肺から吸収されて、全身に循環してしまいます（**図3・3**）。皮膚刺激性有害物質などでは、その過程で、鼻、喉、気道などをただれさせることもあります。

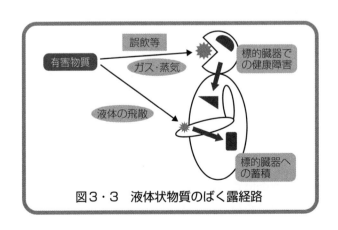

図3・3　液体状物質のばく露経路

粒子状物質については、吸い込む際に、その粒径により肺まで到達する場合とそうでない場合があります。

### イ．皮膚接触

液体状物質は、液体のままあるいは蒸気として皮膚等に接触し、皮膚を通過して体内に吸収されて全身に循環します（**図３・３**）。皮膚刺激性有害物質などでは、その過程で、皮膚に炎症を起こすこともあり、また一部の物質は、皮膚の組織（皮下脂肪など）に蓄積されます。粒子状物質については、皮膚等に付着した際、他の物質や表面の水分の状況により体内への吸収性が異なってきます。

### ウ．誤飲等

液体状物質や粒子状物質などを誤って飲み込んでしまうと、食道から胃に送られ、消化器から吸収されます。物質によっては胃の表面を傷つけたり、胃酸と反応して有毒ガスを発生したりするものがあります。

### ⑵　化学物質による障害の種類

吸入ばく露、皮膚接触、誤飲等により体内に入った化学物質は、血液やリンパ循環系などにより全身に送られます。化学物質の体内での動きは複雑で、各臓器への影響もさまざまです。

誤飲等により胃腸に入った化学物質は、栄養等と同じように胃腸壁で吸収されると一旦全て肝臓に送られます。また、血液に入った化学物質が脳に送られる際には、成人については、その種類や大きさにより厳しく選別され（バリアが働く）、脳が一定程度保護されています。

### ア．中枢神経抑制作用

ほとんどの溶剤に、中枢神経を麻痺させる作用があり、さまざまな神経系への影響が出ます。頭痛、めまい、記銘力低下、視力低下のほか、歩行障害や物がつかめないといった症状が出ることがあります。

### イ．肝臓の障害

体内に取り込まれた化学物質は、肝臓で酵素の働きにより無毒化しようとしますが、結果として逆に毒性が高くなってしまう場合もあります。また、その過程でさまざまな物質が出てくることがあり、肝臓の組織が障害

をおこすことも多々あります。

ウ．腎臓や膀胱の障害

　一部の化学物質は、血流にのって全身を循環しながら腎臓や膀胱を経て尿として排泄され、あるいは肝臓で分解され、最終的に胆汁として腸に送られ便として排出されます。

エ．その他

　揮発性の高い化学物質は、呼気から排出されることがあるほか、物質によっては、汗や皮膚、爪や毛髪（水銀など）として少しずつ排出される物質もあります。

　このように体内に取り込まれた化学物質は、何らかの形で分解されたり排出されたりしますが、どの程度の時間を要するかは、化学物質により数時間から数年以上と大きな開きがあります。


(3)　**症状から見た化学物質による健康障害**

　職場において、労働者の体調不良が生じた場合、必ずしも化学物質が原因とは限りませんが、その場合に見逃してはならない症状があります。ここでは、そのうちいくつかの知っておくべき知識を紹介します。

ア．化学物質に特有の症状

　酸、アルカリ、溶剤の一部で刺激性の物質による息苦しさ、眼、鼻、口の炎症、皮膚のただれなど化学物質によることが明らかなものがあります。

　溶剤による中毒症状は、頭痛、めまいなどに始まり、ひどいと物をつかめない、まっすぐ歩けないといった明らかな異常がみられることがあります。熱中症などと区別しにくい場合もありますが、職場で酩酊状態のような症状がみられた場合は、一刻を争います。

　鉛中毒としては、鉛のヒューム*を大量に吸入した場合に急性中毒を起こすことがあるほか、慢性中毒にも注意が必要です。鉛の取扱い業務において、初期症状として「体がだるい」「疲れやすい」、症状が進むと「イライラする」「眠れない」といった症状が出ます。腹痛、便秘、下痢などの腹部症状や貧血が出ることもあります。鉛取扱い業務がないように見えても、

---

**＊ヒューム**：高温の金属蒸気が気中で冷却・昇華して微小な固体粒子となって浮遊しているもの。

　過去の鉛含有塗料（錆止め剤など）をはがす作業などにより、鉛粉じんにばく露されることがあります。

　その他、重金属による中毒症状など、医学的に明らかにされているものも多くありますが、取扱状況に応じ、あらかじめ確認する必要があります。

### イ．一般的な疾病と紛らわしい症状

　感作性物質へのばく露は、アレルギー症状が風邪や持病としての喘息など一般的な症状と区別しにくいこと、同一作業グループの中で特定の労働者にのみ症状が出ることから、化学物質が原因であることに気づくのが遅れることがあります。急性の症状が出て医療機関で診察を受けても、使用していた化学物質を正しく伝えないと原因が判明せず、治療に支障が出たり、再度同じ症状が出たりすることにもなりかねません。

　また、液晶ディスプレイの透明電極材料などに用いられるインジウム化合物では、間質性肺炎を生じ、呼吸器症状がみられることがあります。

　金属熱についての知識も必要です。亜鉛やマグネシウムなどのヒュームには酸化物が含まれており、吸入して数時間後に、悪寒、発熱、関節痛などの症状がみられることがあります。多くは、安静にしていると数時間後には解熱し回復します。金属熱を引き起こす物質は他にもあるとされ、テフロンなどのポリマーが熱分解して生成する微粒子の吸入によっても同様の症状がみられることがあります。

## ３．粉じんによる職業性疾病

　粉じんを長期間にわたり吸い込み続けると、「じん肺」を発症することがあります。無機性の微細な不溶性・難溶性の粒子であれば種類を問わず発症するものと考えるべきです。じん肺は、粉じんが原因で肺の組織が線維化して機能しなくなり、粉じんの吸入がなくなっても線維化が止まらない進行性の疾患です。

　初期には自覚症状は見られませんが、進行すると、肺でのガス交換が十分にできなくなり、咳、痰、呼吸困難を生じるとともに、他覚症状として、皮膚や唇が青白く見えるチアノーゼの症状がみられるようになります。

　また、じん肺が進行すると種々の疾病が合併、続発してくるほか、肺がんにつながることもあります。

表3・2　じん肺の発生が多くみられる職場の例

| じん肺 | 起因物質 | 主たる発生職場 |
| --- | --- | --- |
| 珪肺 | 遊離珪酸（石英） | 採石業、採鉱業、隧道掘削、窯業、鋳物業、セメント製造業等 |
| 石綿肺 | 石綿 | 石綿加工業、石綿セメント製造業、石綿含有建材解体業等 |
| 滑石肺 | 滑石（タルク） | 滑石粉砕作業、ゴム工業等 |
| ろう石肺 | ろう石 | ガラス溶融用坩堝製造等 |
| 珪藻土肺 | 珪藻土 | 珪藻土採掘、粉砕作業等 |
| アルミニウム肺 | アルミニウム | アルミニウム粉末製造等 |
| アルミナ肺 | アルミナ（酸化アルミニウム） | アルミニウム再生等 |
| ボーキサイト肺 | 酸化アルミニウムと珪酸 | ボーキサイト精錬作業等 |
| 鉄肺 | 酸化鉄と珪酸 | 赤鉄鉱採鉱作業等 |
| 溶接工肺 | 酸化鉄と珪酸 | 電気溶接作業、ガス切断作業、グラインダー作業等 |
| 硫化鉱肺 | 硫化鉄鉱と珪酸 | 硫化鉱採鉱作業、硫酸工場原料粉砕作業等 |
| 黒鉛肺 | 黒鉛 | 黒鉛精錬鉱業、電極製造等 |
| 炭素肺 | カーボンブラック | 製墨作業、ゴム製造、塗料・インキ製造等 |
| 活性炭肺 | 活性炭 | 活性炭製造等 |
| 炭鉱夫肺 | 石炭粉じんと珪酸 | 炭鉱の採炭、支柱作業等 |

　粉じんを伴う作業はさまざまですが、表3・2に示す職場はいずれもじん肺が多く発生していることに留意が必要です。また、目に見える大きさの粉じんよりも、目に見えない微細な粒子に注意しなければなりません。図3・4は、肺の組織の模式図です。目に見える大きさの粉じんの大部分は、鼻腔や喉でとどまり、それ以下の粉じんも大部分は気管や気管支で捕らえられ、内側に生えている微細な毛で喉まで送られ痰として排出されます。しかし、目に見えない極めて微細な粒子は、気管支から細気管支を通って肺胞まで達するのです。不溶性の鉱物や

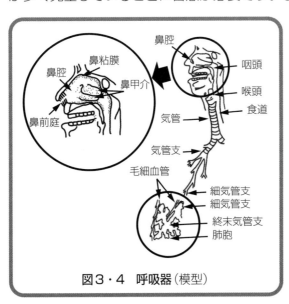

図3・4　呼吸器（模型）

金属の微細粒子は、長期間消滅せずにそこにとどまり、肺胞の細胞を線維化してしまいます。

　したがって、粉じん作業に当たっては、鼻や喉を詰まらせるような不快な粉じんだけではなく、目に見えずあまり気にも留めない微細な粒子についても、換気装置や防じんマスクなどの呼吸用保護具により除去し、ばく露されないようにする必要があります。

## ４．発がんのおそれのある化学物質

### ○がん原性物質は、取扱いに特別の注意が必要

　【関係する法令】安衛則第577条の2第11項、特化則第38条の4など
　・特化則の特別管理物質、安衛則のがん原性物質は、職業がんなどにつながることがある。わずかなばく露にも注意が必要
　・がん原性物質は、令和6年4月1日現在で198種類とされている。右のQRコードから国が公表するリストを参照する。
　・がん原性物質の製造、取扱いには、労働者のばく露の状況や従事歴の記録と30年間の保存義務など厳重な対応が必要

　化学物質の製造、取扱い等に伴う職業がんは、昭和30年代以降、大きな社会問題を繰り返し引き起こし、そのたびに規制が強化されてきました。特別則に基づく個別規制については、特化則で規定する特別管理物質などの定めがありますが、自律的な化学物質管理に伴い新たに規制対象となったリスクアセスメント対象物についても、ヒトに対する発がん性を有する物質が含まれています。このため、リスクアセスメント対象物のうち、がん原性がある物として厚生労働大臣が告示で定めるがん原性物質については、特化則の特別管理物質と同様の管理が求められるのです。

### (1)　特別管理物質とがん原性物質

　リスクアセスメント対象物のうち、ヒトに対する発がん性が知られている、またはおそらく発がん性がある物質については、安衛則に基づく厚生労働省告示においてがん原性物質として取り扱われます。令和6年4月1日時点でがん

表3・3　特別管理物質とがん原性物質の比較

| 種類 | 特別管理物質 | がん原性物質 |
|---|---|---|
| 母体 | 特定化学物質81物質 | 特別則以外のリスクアセスメント対象物773物質 |
| | 人体に発がんなど遅発性の健康障害を与えるもの。特別有機溶剤を含む。 | GHSで発がん区分1に分類されたもの（飲用リスクであるエタノールを含まない） |
| 根拠法令と物質数 | 特化則第38条の4<br>44物質 | 安衛則第577条の2第11項<br>198物質（令和6年4月1日適用分） |
| 物質の例 | 塩化ビニル、クロロホルム、四塩化炭素、スチレン、ジクロロメタン、ベンゼン、メチルイソブチルケトン | アクリルアミド、ビフェニル、1,3-ブタジエン、アクリロニトリル、酢酸ビニル、ヒドラジン、塩素化ビフェニル |
| 特別の措置 | ・1月ごとの作業記録<br>・各種記録の30年間保存 | ・1年ごとの作業記録<br>・各種記録の30年間保存 |
| 備考 | 母体は増加しないが、新知見により変更可能性 | 告示に物質名なし<br>母体対象物やGHS分類により増加する |

注）がん原性物質のリストは、厚生労働省ホームページで確認できる。

原性物質として適用されるリスクアセスメント対象物は198物質であり、リスクアセスメント対象物ではあっても特化則の特別管理物質44物質は含まれていません。従前からある特化則の特別管理物質と、安衛則に基づくがん原性物質との比較を**表3・3**に示します。備考欄に記載のあるものを除き、安衛則別表第2に規定する通知の裾切値*¹以上を含むものが対象となります。厚生労働省ホームページ*²に記載されたがん原性物質リストを参照してください。ただし、事業者がこれらを臨時に取り扱う場合は、30年間保存の対象から除外されます。

## ⑵ リスクアセスメントの結果に基づき講じた措置等の記録と保存

　化学物質のばく露による発がんは、微量であっても発症可能性を高めるおそれがあるため、許容されるばく露レベルを設定することができず、皮膚等への接触も許容することができません。また、ばく露から長期間（がんの種類により少なくとも2年、5年以上などとされ、20年後に発病する事例もある）を経て発症することを考慮し、リスクアセスメントの結果に基づき講じた労働者

---

*1　令和7年4月1日からは厚生労働省告示に示される裾切値（令和5年厚生労働省告示第341号「労働安全衛生法施行令第18条第3号及び第18条の2第3号の規定に基づき厚生労働大臣の定める基準」）。
　　https://www.mhlw.go.jp/content/11300000/001164664.pdf
*2　「労働安全衛生規則第577条の2の規定に基づき作業記録等の30年間保存の対象となる化学物質の一覧」（令和5年4月1日及び令和6年4月1日適用分）
　　https://www.mhlw.go.jp/content/11300000/001064830.xlsx

表3・4　リスクアセスメントの結果に基づき講じた措置等の記録（がん原性物質）

| 号別 | 記録すべき事項 | 保存期間 |
|---|---|---|
| 1 | リスクアセスメント対象物に労働者がばく露される程度を最小限度とした措置の状況<br>リスクアセスメント対象物に労働者がばく露される程度を濃度基準値以下とした措置の状況[1]<br>健康診断の結果に基づき講じた措置[2]の状況 | 3年 |
| 2 | 業務に従事する労働者のばく露の状況 | 30年 |
| 3 | 労働者の氏名、従事した作業の概要、作業に従事した期間<br>がん原性物質により著しく汚染された事態の概要および事業者が講じた応急の措置の概要[3] | 30年 |
| 4 | 関係労働者の意見の聴取状況 | 3年 |

[1]　濃度基準値が設定されたリスクアセスメント対象物を製造し、または取り扱う業務を行う屋内作業場に限る。
[2]　リスクアセスメント対象物健康診断の結果に基づき、必要な措置を実施した場合に限る。
[3]　がん原性物質により著しく汚染される事態が生じたときに限る。
[4]　号別は、労働安全衛生規則第577条の2第11項の号を示す。

の危険または健康障害を防止するための措置等に関し、記録とその30年間の保存が義務付けられているものがあります。表3・4に掲げる事項を、1年を超えない期間ごとに1回、定期に、記録を作成し、3年間または30年間保存する必要があります。

　特に、ばく露の状況の記録は、仮作成した日々の記録をそのまま綴るのではなく、長期間保存後に閲覧される可能性を想定し、簡潔かつ明瞭に記載する必要があります。作業記録の様式に定めはありませんが、法定事項はもれなく記載します。作業記録の例を図3・5に示しますが、表3・4の1および4についても措置等の記録として作成し、3年間保存します。

## ５．GHS分類の意義と過去の化学物質による健康障害の実例

　化学物質は便利ですが、有害性を知らずに使うと、労働者に健康障害を引き起こすことがあるということは、化学工業に限らず、あらゆる業種や業務を行う事業場で理解しておかなければなりません。

　上に述べたような化学物質と健康障害に関する基本的事項を知っておくことは、化学物質による健康障害のリスクを回避することにつながりますが、取り扱う全ての化学物質について、こうした事項を理解することは難しいことです。

図3・5　作業記録の例

作業記録の例

作業記録の様式に定めはなく、法定事項が含まれていればよい。
がん原性物質を対象に、月別に作成した例
労働者のばく露の状況を含む

□□(株)○○工場　　　年　　　月分　　　　　　　　　　　保存期間：30年

| 労働者氏名 | 従事した作業の概要 | 作業に従事した期間 | ばく露の状況 | 著しく汚染される事態の有無 | 著しく汚染される事態の概要および応急措置の概要 |
|---|---|---|---|---|---|
| ○○○ | 作業内容：合成皮革の貼り合わせ作業<br>作業時間：7時間/日<br>塗布液の使用量：500L/日<br>使用温度：室温30℃<br>対象物質：○○10%<br>換気設備：全体換気装置<br>保護具：保護手袋、半面形防毒マスク | ○月○日〜○月○日 | 数理モデルで濃度基準値以下を確認<br>保護手袋を正しく使用<br>汚染時の吸入、皮膚からのばく露は極めて小さい | 有り○月○日○時○分頃 | 塗工室において塗布液の補充作業中に塗布液をこぼして左脚に2Lほどかかる。直ちに脱衣し水洗浄後、病院を受診（塗布液のSDS添付） |
| ●●● | 作業内容：ウエスを用いた脱脂洗浄作業<br>作業時間：6時間/日<br>塗布液の使用量：1L/日<br>使用温度：室温30℃<br>対象物質：○○100%<br>換気設備：外付け式局所排気装置<br>保護具：保護手袋 | ○月○日〜○月○日 | 測定により濃度基準値以下を確認<br>保護手袋を正しく使用<br>汚染時の吸入ばく露により濃度基準値を超えた可能性 | 有り○月○日○時○分〜○時○分 | 局所排気装置のダンパーを閉じたままであったため、その間、洗浄溶媒の蒸気にばく露したおそれ。2日後に健康診断を受診（洗浄液のSDS添付） |

特に、小規模金属加工業、出張作業が多い建設専門工事業、多量の洗剤を取り扱うビル清掃業、保健衛生業、食料品製造業などでは、化学物質管理に関する情報を収集したり、専門人材を育成し続けることに限界があるでしょう。そうした場合にこそ、新たな化学物質の使用に先立ち、国のGHS分類などを頼りに、取扱時に知っておくべき事項を把握するようにすべきなのです。

　以下は、知識がないまま安易に使用して、健康障害を引き起こしたケースですが、全て過去に発生した重篤な労働災害の実例となります。

(1)　ベンゼンによる再生不良性貧血

　ベンゼンは、その昔、石炭の乾留で大量に生成するようになった溶剤（当時）です。今でこそ、その発がん性や造血器官への健康影響から、取扱いに細心の注意が求められますが、1950年代は、溶剤としての便利さが強調され広く（安易に）使われていました。

●ヘップサンダルを作るときの接着剤に含まれていたベンゼンにより、再生不良性貧血が続出　⇒1960年旧有機則制定へ

　ベンゼンは、白血病（血液のがん）になることが判明、国際機関IARCではクロ判定（グループ1）となっています。

　　＜現行規制＞

　　・ベンゼンは、特化則の特別管理物質に

　　・後日健康障害が生じたときのために、作業記録や健康診断の記録を30年保存義務

　　・ベンゼンを含む接着剤は、製造禁止物質に（作っても売ってもいけない）

### ⑵　ノルマルヘキサンによる末梢神経障害

　ノルマルヘキサンは、石油精製時の分留で得られる揮発性溶剤であり、石油工業の発展とともに爆発的に普及しました。特にベンゼンが規制されたあと、接着剤などに使われましたが、多発性神経炎の原因になることが判明しました。

　　＜現行規制＞

　　・ノルマルヘキサンは、有機則で第2種有機溶剤に

　　※現在でも、多発性神経炎の発症があると、ノルマルヘキサンを業務で使っていないかどうかを問診で問われることがあります。

### ⑶　1,2-ジクロロプロパンによる胆管がん

　従来、有用な脱脂洗浄剤とされていた1,1,1-トリクロロエタンが1995年に環境関係の国際条約により製造・輸入を禁止されて以降、類似の沸点と洗浄力をもつ1,2-ジクロロプロパンが着目され、主に印刷インクの脱脂洗浄用に広く使われるようになりました。日本国内では酸化プロピレンの製造過程で副生物として産生したため、2010年ごろまでは安価に購入することが可能でした。

未規制物質だった1,2-ジクロロプロパンによる胆管がん事案は、「化学物質の自律的な管理」への転換の要因の1つになったのよ。

第3章　化学物質の負の側面

印刷機のインク除去を手作業で行う工程が導入されていた日本では、1,2-ジクロロプロパンが脱脂洗浄の際に大量に消費された結果、極端に高濃度のばく露が生じて複数の印刷会社で胆管がんが発症する原因になったのです。2014年の国際機関IARCの学術評価会議では、1,2-ジクロロプロパンは全会一致でヒトへの発がん性が認められ、2016年評価書ではクロ判定（グループ1）となりました。現在では、世界各国の規制に取り入れられています。

### (4) 有機溶剤一般

有機則で定める「有機溶剤」でなく、揮発性が高い脂溶性の液体の総称です。可燃性の物や難燃性の物、構造ではベンゼン環、塩素や臭素を含むものなどさまざまなものがあります。精製せずに混合物のまま用いられることもあります。

シンナー中毒に代表される中枢神経障害、肝機能障害、腎機能障害を引き起こすものが多いです。揮発性の高いものは、吸入ばく露の割合が大きいが、皮膚や眼から吸収されることもあります。

### (5) 鉛（金属、無機化合物）

金属鉱石に多く含まれ、バッテリー電極や従来型のハンダの主成分です。従来型の塗料に含まれていました。鉛を含む化合物は、近世には、鉛白という化粧品として顔に塗られていました。

327℃で融けて蒸発し、空気中で冷えると酸化鉛の微細粒子（ヒューム）を生成します。鉛は、昔の建造物に塗られた塗料に含まれており、塗料を剥離するときに発じんすると、吸入ばく露されてしまうのです。

腹痛、便秘、下痢などの症状、貧血を引き起こします。体内では、骨のカルシウム分と置き換わり蓄積されるため、一種の貯蔵庫となり、血中鉛濃度がなかなか低下しません。乳幼児がばく露されると脳に入り脳性麻痺の原因となります。

　※金属鉛、無機鉛化合物は糞便などで排出されますが、一方で四アルキル鉛などの有機鉛化合物は体内で別の動きをし、排出されにくくなっています。

### (6)　クロム

　化学工業で幅広く使われています。めっきに欠かせません。

　特に六価クロムの毒性が高く、皮膚や肺を刺激してただれさせるほか、アレルギー疾患を引き起こすことがあります。がんの原因ともなります。

### (7)　酸、アルカリ

　皮膚や眼その他の粘膜を刺激し、腐食させることがあります。揮発性でない物（硫酸、水酸化ナトリウムなど）は、皮膚や眼に微量でも残ると時間の経過により濃縮されるため、特に大量の水で念入りに洗い流さなければなりません。

　塩化水素、アンモニアなど水に溶けやすい気体は、皮膚、眼、鼻などの水分に溶解して塩酸、アンモニア水などを生成します。

### (8)　染料、顔料やその原料

　芳香族アミンなど揮発性が高くないものについては、粉末が発散しなければ吸入ばく露のおそれがないとして軽視しがちですが、皮膚や眼からの吸収を無視できません。どのような経路にせよ、ひとたび体内に入ると、特定の臓器に障害を引き起こすことがあるのです。2015年にオルトトルイジンによる職業性膀胱がんとされた事例では、繰り返し使用されたウレタン製保護手袋を透過してオルトトルイジンが手指などから吸収された可能性が指摘されています。

### (9)　硫化水素

　腐敗した卵の臭いとされる気体です。化学工業以外に、有機物の腐敗や温泉地など地下からの噴出もあります。第2種酸素欠乏危険場所における有害要因の1つ（もう1つのリスクは酸素濃度18％未満）であり、ほぼ毎年、業務上の硫化水素中毒による死亡災害が発生しています。

　高濃度ばく露や長時間のばく露では嗅覚が麻痺するため、臭いに頼ることは危険です。

オルトトルイジンによる膀胱がん事案では、経皮吸収の怖さに改めて気づかされたよ。

第3章　化学物質の負の側面

上に掲げた化学物質の有害性に関する情報は、ごく一部分にすぎません。

　化学物質による危険性、有害性とその症状は、取扱い事業場においてその全てを頭に入れておくことは現実的でないため、譲渡提供を受けた時点で、ラベルやSDSにより、国が行ったGHS分類に基づく危険性有害性を把握して適切に管理しながら使用することが求められています。

## 第4章　化学物質の取説と注意書き
### ～SDSとラベル その役立て方～

　第3章では、自律的な化学物質管理においては、取り扱う化学物質の危険性・有害性を知ることが重要だということを説明しました。それら危険性・有害性に関する情報は、化学物質を譲渡・提供する側が最も詳しいとの考えに立ち、化学物質と同時にSDSやラベルの形で入手するしくみができあがっています。

　ここでは、SDSやラベルを受け取る側の立場から、制度の概要を解説します。

## １．化学物質の危険性および有害性に関する情報のおおもと：GHS分類

### ⑴　GHSとは

　職場で化学物質を取り扱う際に、その危険性や有害性、正しい取扱い方法等を知らなかったことによる爆発・火災、中毒等の労働災害が発生しています。化学物質の危険性や有害性についての情報は、化学物質とともに伝達される必要がありますが、その情報はどこから出てくるのでしょうか。

　化学物質の危険性・有害性の各項目に係る分類は、各国政府が協力し、国連が勧告しています。このしくみはGHS「化学品の分類及び表示に関する世界調和システム」といい、世界各国でラベル表示やSDS（安全データシート）に用いられているしくみです。GHS勧告は、2年ごとに見直しがされています。

　日本では、GHS勧告を踏まえ、平成18年に、化学物質の譲渡・提供の際に、ラベル表示とSDS交付を行う制度が整備されました。令和6年4月現在、ラベル表示、SDS交付の対象となる化学物質は、ともに896物質とされています。

### ⑵　GHSが対象とする危険性と有害性

　GHSは、対象とする危険性と有害性を**表4・1**のとおり定めています。大きく分けて、物理化学的危険性、健康に対する有害性、環境に対する有害性の３つがあり、表のとおり計29項目です。環境に対する有害性に関しては、安衛法では取り扱いません。

　GHSでは、危険性と有害性について区分が定められています。例えば、引火性液体についていえば、引火点の温度範囲により判定基準に応じて区分１から区分４までに区分され、それぞれについて注意喚起語、危険有害性情報、絵表示などのラベル要素と注意書きが割り付けられます。急性毒性についても、致死量となる量や濃度に応じて区分が決められています。

表4・1　GHSが対象とする危険有害性（GHS改訂９版）

| 【物理化学的危険性】 | 【健康有害性】 |
|---|---|
| 爆発物 | 急性毒性 |
| 可燃性ガス | 皮膚腐食性/刺激性 |
| エアゾールおよび加圧下化学品 | 眼に対する重篤な損傷性/眼刺激性 |
| 酸化性ガス | 呼吸器感作性又は皮膚感作性 |
| 高圧ガス | 生殖細胞変異原性 |
| 引火性液体 | 発がん性 |
| 可燃性固体 | 生殖毒性 |
| 自己反応性物質および混合物 | 特定標的臓器毒性（単回ばく露） |
| 自然発火性液体 | 特定標的臓器毒性（反復ばく露） |
| 自然発火性固体 | 誤えん有害性 |
| 自己発熱性物質および混合物 | |
| 水反応可燃性物質および混合物 | 【環境有害性】 |
| 酸化性液体 | 水生環境有害性 |
| 酸化性固体 | オゾン層への有害性 |
| 有機過酸化物 | |
| 金属腐食性 | |
| 鈍性化爆発物 | |

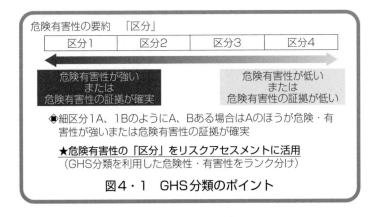

図4・1　GHS分類のポイント

　ここでは、GHS分類の詳細の説明を省略しますが、危険有害性の要約としての区分は重要です。区分１は危険有害性が最も高く、区分４は危険有害性が低いです（**図４・１**）。したがって、化学物質の危険有害性を調べるときは、区

表４・２　絵表示の表す危険有害性と取扱い安全の概要（参考例）

| | 絵表示 | 危険有害性の概要 | 災害予防・低減対策 |
|---|---|---|---|
| 危険性 | 爆弾の爆発 | 熱や火花にさらされると爆発するような化学品 | 熱、火花、裸火、高温のような着火源から遠ざけること。－禁煙。保護手袋、保護衣、保護眼鏡/保護面を着用すること。 |
| | 炎 | 空気、熱や火花にさらされると発火するような化学品 | 熱、火花、裸火、高温のような着火源から遠ざけること。－禁煙。空気に接触させないこと。（自然発火性物質）保護手袋、保護衣、保護眼鏡/保護面を着用すること。 |
| | 円上の炎 | 他の物質の燃焼を助長するような化学品 | 熱から遠ざけること。衣類および他の可燃物から遠ざけること。保護手袋、保護衣、保護眼鏡/保護面を着用すること。 |
| | ガスボンベ | ガスが圧縮または液化されて充填され、熱したりすると膨張して爆発するような化学品 | 換気の良い場所で保管すること。耐熱手袋、保護衣、保護面/保護眼鏡を着用すること。 |
| 有害性 | 腐食性 | 接触した金属または皮膚等を損傷させるような化学品 | 他の容器に移し替えないこと（金属腐食性物質）。粉じんまたはミストを吸入しないこと。取扱い後はよく手を洗うこと。保護手袋、保護衣、保護眼鏡/保護面を着用すること。 |
| | どくろ | 急性毒性を表しており、飲んだり、触ったり、吸ったりすると急性的な健康障害が生じ、死に至るような化学品 | この製品を使用する時に、飲食または喫煙をしないこと。取扱い後はよく手を洗うこと。眼、皮膚、または衣類に付けないこと。保護手袋、保護衣、保護眼鏡/保護面を着用すること。 |
| | 健康有害性 | 短期または長期に飲んだり、触れたり、吸ったりしたときに健康障害を起こすような化学品 | この製品を使用する時に、飲食や喫煙をしないこと。取扱い後はよく手を洗うこと。粉じん/煙/ガス/ミスト/蒸気/スプレーなどを吸入しないこと。推奨された個人用保護具を着用すること。 |
| | 感嘆符 | ラベルでどのような危険有害性があるか確認（急性毒性、皮膚刺激性、眼刺激性、皮膚感作性、特定標的臓器毒性、オゾン層への有害性） | ラベルに記載された注意書きに沿った取扱いが必要。 |
| 環境 | 環境 | 環境に放出すると水生環境（水生生物およびその生態系）に悪影響を及ぼすような化学品 | 環境への放出を避けること。 |

分1や区分2を含むかどうかに着目します。なお、区分1は、区分1Aと区分1Bに細分化されることがあります。

### ⑶　GHSラベルと絵表示

　GHSに基づき作成されるラベルには、注意喚起語、危険有害性情報、絵表示、注意書き、製品特定名、供給者の特定情報が必要です。

　このうち、絵表示は、9種類が定められています。**表4・2**に、全ての絵表示と、それぞれの表す危険有害性等を参考までに示します。

　国によるGHS分類は、次に示すとおり、SDSやラベルに活用されています。

## 2．化学物質の危険性・有害性、表示、文書および通知

○SDSは、リスクアセスメントのかなめ
　【関係する法令】安衛法第57条の2、第101条第4項
　・SDSは、譲渡・提供を受けたときに、受け取って確認する
　（リスクアセスメントに情報が不足していたら、問い合わせる）
　・SDSの読み方にはコツがいる。化学物質管理者や職長は理解する。
　　労働者への周知も必要

○ラベルは、取り扱う全ての労働者がわかるように
　【関係する法令】安衛法第57条
○小分け保管した容器にも、名称と人体に及ぼす作用を明示する
　【関係する法令】安衛則第33条の2
　・小分け保管後の誤飲や誤用を防ぐ。

### ⑴　SDS：安全データシート

　化学物質は、見た目やにおいでその危険性・有害性を判断することは難しいことが多いため、化学物質を譲渡・提供する際には、その取扱説明書に相当するSDS：安全データシートを交付することとされています。SDSは、個々の化学物質取扱事業場が化学物質の有害性を個々に調べる手間を省いてくれると考えることもできます。

　SDSは、国が行ったGHS分類に従って作成されるため、GHS分類の状況

に応じて、通知対象物質が増加します。通知対象物質の数は、令和６年４月１日から896物質となっており、令和８年４月１日までに2,316物質になることが決まっています。これは、取扱事業場に対して義務付けられているリスクアセスメントの対象となる物質（リスクアセスメント対象物）の範囲でもあります。

　リスクアセスメント対象物以外の物質についても、多くの場合、譲渡・提供時にSDSが交付されます。記載内容が不完全なこともありますが、SDSを受け取ったら、可能な範囲でリスクアセスメントを実施するようにしましょう。リスクアセスメント対象物以外の化学物質についても、その製造・取扱いにおいて、リスクアセスメントの結果に基づき、労働者のばく露の程度を最小限度とする努力義務が定められています（安衛則第577条の３）。

　このように、SDSは、事業者間で化学品の情報伝達をするための手段ですが、化学物質を取り扱う事業場内における安全衛生対策（例えばリスクアセスメント）のためのツールでもあります。そのため、SDSに記載される情報は、正確で最新であることが大前提です。令和４年の法令改正により、通知対象物質を譲渡・提供する側は、少なくとも５年に１回は人体に対する影響などを更新する必要がないかを確認し、必要な場合は通知することなどが義務付けられました。

　SDSは、リスクアセスメントの実施に関与する化学物質管理者や職長などが取り扱うことが多く、必ずしも作業者向けにわかりやすく書かれているわけではありません。しかし、作業を行う上での確認や緊急時の対応のために、労働者が必要に応じて内容を確認できるよう、SDSの内容を周知させなければなりません。電子媒体により共有することも可能です。

　SDSには、JIS Z 7253：2019に従って、**表4・3**に示す16種類の危険性・有害性の情報が記載されています。ここでは、SDSの規制項目のうちいくつかを紹介します。

　ア．「２．危険有害性の要約」

　　危険性、有害性の区分が簡潔に記載されています。GHS分類については、区分の数字が小さいほうが危険性、有害性が高くなります。「区分１」「区分２」などに特に注意しましょう。

## 表4・3　JIS Z 7253：2019 で規定された SDS 記載項目内容

| JIS Z 7253:2019 SDS 記載事項 | 項目詳細 | |
|---|---|---|
| 1.化学品及び会社情報 | ・化学品の名称<br>・製品コード<br>・供給者の会社名称、住所および電話番号<br>・供給者のファックス番号、電子メールアドレス | ・緊急時連絡電話番号<br>・推奨用途<br>・使用上の制限<br>・（了解を受けた上で）国内製造事業者等の情報 |
| 2.危険有害性の要約 | ・GHS分類<br>・GHS分類に関係しないまたはGHSで扱われない他の危険有害性 | ・GHSラベル要素<br>・重要な徴候および想定される非常事態の概要 |
| 3.組成及び成分情報 | ・化学物質・混合物の区別<br>・化学名または一般名<br>・慣用名または別名<br>・化学物質を特定できる一般的な番号 | ・成分および濃度または濃度範囲（混合物の場合、各成分の化学名または一般名および濃度または濃度範囲）<br>・官報公示整理番号<br>・GHS分類に寄与する成分 |
| 4.応急措置 | ・吸入した場合<br>・皮膚に付着した場合<br>・眼に入った場合<br>・飲み込んだ場合 | ・急性および遅発性の症状の最も重要な徴候症状<br>・応急措置をする者の保護に必要な注意事項<br>・医師に対する特別な注意事項 |
| 5.火災時の措置 | ・適切な消火剤<br>・使ってはならない消火剤<br>・火災時の特有の危険有害性 | ・特有の消火方法<br>・消火を行う者の特別な保護具および予防措置 |
| 6.漏出時の措置 | ・人体に対する注意事項、保護具および緊急時措置 | ・環境に対する注意事項<br>・封じ込めおよび浄化の方法および機材 |
| 7.取扱い及び保管上の注意 | ・取扱い（技術的対策、安全取扱い注意事項、接触回避、衛生対策） | ・保管（安全な保管条件、容器包装材料） |
| 8.ばく露防止及び保護措置 | ・許容濃度等<br>・設備対策 | ・保護具（呼吸用の保護具、手の保護具、眼の保護具、皮膚および身体の保護具）<br>・特別な注意事項 |
| 9.物理的及び化学的性質 | ・物理状態<br>・色<br>・臭い<br>・融点/凝固点<br>・沸点または初留点および沸点範囲<br>・可燃性<br>・爆発下限界および爆発上限界/可燃限界<br>・引火点<br>・自然発火点<br>・分解温度 | ・pH<br>・動粘性率<br>・溶解度<br>・n-オクタノール/水分配係数<br>・蒸気圧<br>・密度および/または相対密度<br>・相対ガス密度<br>・粒子特性<br>・その他のデータ |
| 10.安定性及び反応性 | ・反応性<br>・化学的安定性<br>・危険有害反応可能性 | ・避けるべき条件（熱、圧力、衝撃、静電放電、振動などの物理応力）<br>・混触危険物質<br>・危険有害な分解生成物 |
| 11.有害性情報 | ・急性毒性<br>・皮膚腐食性/刺激性<br>・眼に対する重篤な損傷性/眼刺激性<br>・呼吸器感作性または皮膚感作性<br>・生殖細胞変異原性 | ・発がん性<br>・生殖毒性<br>・特定標的臓器毒性（単回ばく露）<br>・特定標的臓器毒性（反復ばく露）<br>・誤えん有害性 |

| 12.環境影響情報 | ・生態毒性<br>・残留性<br>・分解性 | ・生体蓄積性<br>・土壌中への移動性<br>・オゾン層への有害性 |
|---|---|---|
| 13.廃棄上の注意 | ・化学品（残余廃棄物）、当該化学品が付着している汚染容器および包装の安全で、かつ、環境上望ましい廃棄、またはリサイクルに関する情報 | |
| 14.輸送上の注意 | ・国連番号<br>・品名（国連輸送名）<br>・国連分類（輸送における危険有害性クラス）<br>・容器等級<br>・海洋汚染物質（該当/非該当） | ・MARPOL73/78 附属書ⅡおよびIBCコードによるばら積み輸送される液体物質（該当/非該当）<br>・輸送または輸送手段に関する特別の安全対策<br>・国内規制がある場合の規制情報 |
| 15.適用法令 | ・該当法令の名称およびその法令に基づく規制に関する情報<br>（化学品にSDSの提供が求められる特定化学物質の環境への排出量の把握等及び管理の改善の促進に関する法律、労働安全衛生法、毒物及び劇物取締法に該当する化学品の場合、化学品の名称とともに記載する）<br>・その他の適用される法令の名称およびその法令に基づく規制に関する情報 | |
| 16.その他の情報 | ・安全上重要であるが、これまでの項目名に直接関連しない情報 | |

　皮膚腐食性/刺激性、感作性、発がん性などは、「11.有害性情報」に詳述されていますが、ここにも記載されるので、皮膚等障害化学物質等やがん原性物質への該当を確認することもできます。

イ．「3．組成及び成分情報」

　対象となる化学品は、製品名で書かれていることが多いので、単品の場合は対象化学物質が、混合物の場合はその成分がわかります。リスクアセスメントにおいては、化学品の成分を知る必要があるので、裾切り値以上含まれる通知対象物質の名称が列挙され、その含有量（重量パーセント）が示されることとなりました。以前に入手したSDSなど、含有量が10パーセントきざみのものや、裾切り値との関係が曖昧なものについては、譲渡・提供元に、リスクアセスメントに必要な情報である旨を伝え、必要な情報を入手しましょう。新しいSDSにおいても、例外的に、営業上の秘密を保持する観点から、含有量が公表されないことがありますが、その場合であっても、求めに応じ、秘密が保全されることを条件に、必要な範囲内でより詳細な含有量の内容を個別に通知することとされています。

　CAS番号も、ここに記されます。CAS番号がわかれば対象となる化学物質を特定することができるため、化学物質を検索するのに便利です。石油製品など、混合物自体にCAS番号が付与されていることもあります。

ウ．「4．応急処置」、「5．火災時の措置」、「6．漏出時の措置」

　緊急時に必要となることがあるので、あらかじめ目を通しておきましょう。また、緊急時に容易に取り出せるようにしておくことも重要です。

エ．「8．ばく露防止及び保護措置」

　特別則の物質に対する管理濃度、学会等が定める許容濃度等、濃度基準値が示されているほか、換気装置や保護具についての記載があります。

オ．「9．物理的及び化学的性質」

　化学品の状態、つまり気体、固体、液体などの外観や、結晶か、粉末状かなどがわかります。液体の揮発性の程度を見るには、沸点や蒸気圧を参照します。

　引火性か不燃性か、あるいは水に溶けやすいかどうかなどもわかります。

カ．「15．適用法令」

　労働安全衛生法令上の位置付けがわかります。ただし、最新の法令改正に対応していない可能性があります。


## (2)　ラベル

　ラベルは、譲渡・提供を受けた化学品の容器や包装に明示され、化学品の危険性・有害性を取り扱う労働者等にわかりやすく伝えるためのものです。ラベルは、化学品を使用する際に容器を手に取ったときに一目でわかるよう、ラベルに記載される情報は、必要最小限度のものとされています。

　ラベルは、化学品を取り扱う個々の労働者が理解していなければなりません。雇入れ時等教育や定期的な安全衛生教育において、ラベルの読み方を習得させるようにしましょう。安衛法第57条に基づきラベルに記載が必要な事項は、**表4・4**のとおりです。なお、JIS Z 7253：2019には、SDSの記載項目とともにラベルの記載項目も定められており、安衛法に加え、環境関係の法令にも準拠しています。


## (3)　事業場内表示

　事業場の外部から譲渡・提供を受けた化学品は、所定のラベルが付されていますが、事業場内で小分けするなどして別の容器や包装で保管する場合は、内

表4・4　安衛法令に規定する表示義務

| 記載事項 | ラベル表示 | 事業場内表示＊ |
|---|---|---|
| 1．内容物の名称 | ○ | ○ |
| 2．人体に及ぼす作用 | ○ | ○ |
| 3．貯蔵又は取扱い上の注意 | ○ | |
| 4．安衛則に定める事項<br>・表示をする者の氏名又は名称、<br>　住所及び電話番号<br>・注意喚起語<br>・安定性及び反応性 | ○ | |
| GHS標章（絵表示） | ○ | |

＊小分けしてその場で消費する（放置しない）場合は、明示義務はない

容物の名称と人体に及ぼす作用の２つについて、表示等により明示しなくては
いけません。明示すべき項目は、**表4・4**に示すとおり、「１．内容物の名称」、
「２．人体に及ぼす作用」の２つであり、ラベルの記載項目の一部について表
示が必要ともいえます。

　事業場内表示は、化学品を表示なく別の容器に移し替えて放置したために、
他の労働者がその化学品の危険性・有害性を知らないまま使用して労働災害が
発生した事例が相次いだことをふまえたものです。特に、休憩設備などに小分
けした化学品を飲料容器に入れて放置したために他の労働者が誤って飲んでし
まった事例や、日ごろ不燃性の化学品を置いてある場所に引火性の化学品を置
いたために、他の労働者が知らずに火気の近くで取り扱い火災を発生させた事
例が知られています。

　事業場内表示は、日々の作業に大きな影響が及ぶこともあるため、明示の方
法については、個々の容器でなく使用場所に掲示する方法や、必要事項を記載
した一覧表を備え付ける方法、電子媒体等に記録し閲覧可能な状態にする方法、
保管場所を決めて棚に表示する方法などが認められています。法令改正時のパ
ブリックコメントへの回答や、国がホームページで示す質疑応答などにさまざ
まな方法が例示されているので、参考にしてください。

# 第5章　化学物質の　　リスクアセスメント
## ～感覚に頼らない正しい見立てと記録～

○リスクアセスメント：指針に従って手順どおりに行えば難しくない
【関係する法令】安衛則第34条の2の7など
●次の場合に実施する義務がある
　・原材料等として新規に採用するとき、変更するとき
　・作業の方法や手順を新規に採用するとき、変更するとき
　・SDSの危険性・有害性情報が変更され、事業者に提供されたとき
　・濃度基準値が新たに設定されたとき、値が変更されたとき
●リスクの低減措置を検討する
　結果に基づき講ずべき措置の内容を決定する
○結果の記録、保存、周知の義務
【関係する法令】安衛則第34条の2の8
●所定の事項について記録を作成する（様式は任意）
●記録を3年間分かつ少なくとも1つ保存する
●従事する労働者に周知させる
※措置の記録と異なり、実施・作成頻度の定めはない

## 1．化学物質のリスクアセスメントとは？

### ⑴　リスクアセスメントとは何か

　前章では、化学物質の危険性・有害性については、情報伝達のしくみにより必要な情報が入手できることを学びました。では、同じ化学物質を取り扱う事業場では、危険や有害の程度はどこでも同じだといえるのでしょうか。答えは「ノー」です。揮発性の化学物質を噴霧する屋内での塗装作業や、ウエスで大量に払拭する作業など、化学物質が気中に充満した中で行う作業と、囲い式局

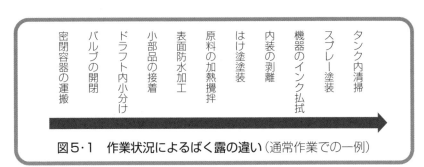

図5・1　作業状況によるばく露の違い（通常作業での一例）

所排気装置の中で少量を試験管に移す研究室での作業、配管を流れる化学物質をバルブで開閉する作業とでは、化学物質の取扱量や化学物質との接触度合いが異なります。

　つまり、化学物質の取扱いにより危険・有害となる程度＜リスク＞は、「①化学物質そのものの性質」のほかに、その事業場での「②ばく露の状況」も加味する必要があることがわかります。

　化学物質管理においては、事業場ごとに異なる②のばく露の状況に関する情報が必要であるため、事業場における自律的な管理が求められるのです。なお、これまでの法令遵守型の個別規制においては、②を国が１つまたは複数のばく露状況を定めて、法令で一律に規制する方式であるため、個々の事業場単位でみると、ばく露が小さいにもかかわらず、必要以上に厳しい措置を講じなければならないといった事情が生じていました。

　では、化学物質の危険性、有害性の調査＜リスクアセスメント＞は、実際にはどのようにして行うのか、詳しく見てみましょう。

　ア．化学物質による爆発・火災についてのリスクアセスメント

　　化学物質による爆発・火災のリスクは、次のように２つの要素から考えます（図5・2）。

　　①　爆発・火災が発生する可能性を見積もる

　　②　爆発・火災が発生した場合の被害の程度を見積もる

図5・2　爆発・火災リスクの一般式

第５章　化学物質のリスクアセスメント

51

例えば、通気性の悪い屋内作業場で、引火性の石油系溶剤で金属部品の脱脂洗浄する作業を例にとると、近くに火気があれば①は常に起こり得ますし、火気がなくても、静電気や照明のスイッチなどで①が起こることが考えられます。

　①は取り扱う化学物質により異なるので、情報伝達のしくみで受け取ったSDSに書かれているGHS分類などをよく調べてください。また、②の起こった場合にどの程度の被害が生ずるかは、取り扱う化学物質の種類はもちろんですが、建物の構造や立地、内部に置かれた物、作業員の配置状況などによっても異なってきます。

イ．健康障害についてのリスクアセスメント

　上の考え方は、健康障害のうち、急性中毒についても同様に用いることができます。①石油系溶剤による急性中毒を引き起こす可能性と、②急性中毒を発生させた場合にどの程度の被害が生ずるか、に分けて考えます。急性中毒については、第3章を参照するほか、SDSに書かれているGHS分類などで確認してください。

　一方、慢性中毒について考える上では、どちらがより危ないかというだけでなく、どの程度危ないかを調べて数値化することとし、別の要素を考えたほうが適切です（図5・3）。

　①　取り扱う化学物質の有害性の程度を見積もる

　②　作業におけるばく露の程度を見積もる

　上の石油系溶剤の例では、急性中毒にならなくても、繰り返し作業をしていく中で、徐々に体調が悪くなっていくことも考えられます。混合物としての石油系溶剤の有害性や、溶剤の主な成分の個別の有害性情報から①が得られ、事業場の作業に応じてばく露レベルを推定して見積もるか、実

図5·3　健康障害リスクの一般式

測するかにより②が得られます。

　化学物質の慢性中毒を考慮する上では、②をいかに正しく（必ずしも高い精度でなくとも、大きなずれがなく）見積もるかがカギとなります。

　なお揮発性物質については、一般に吸入によるばく露のみに着目されることが多いのですが、化学物質は、皮膚や眼からも吸収され、ひとたび体内に入ると吸入したのと同じような健康影響が生ずることに留意しなければなりません。特に、染料や顔料など揮発しにくい化学物質について、職業がんなどの重篤な健康障害のうち、皮膚から吸収されたと推測される事例が散見されます。

**ウ．これらに準ずる方法**

　実は、特別則で規制されている化学物質については、国が実施したリスクアセスメントに基づき、必要な措置があらかじめ法令で示されています。したがって、これら個別規制物質については、法令等で示されたばく露防止措置等を講ずる限りにおいて、作業の種類によらず一定のリスクの範囲におさまっていると考えることができます。

　また、個別規制物質については、リスクアセスメントの結果、仮にリスクが許容できるとされた場合であっても、当分の間、法令に規定する措置を免れることはできません（都道府県労働局長による適用除外の認定を受けた場合を除く）。例えば、イ．において、主成分がトルエン（第2種有機溶剤）であるとすると、有機則に規定する有機溶剤等を用いて行う洗浄または払拭の業務に相当する場合は、局所排気装置の設置、定期的な作業環境測定の実施、常時従事する労働者に対する特殊健康診断の実施などが、リスクアセスメントの結果にかかわらず必要となります。

**エ．化学物質のリスクアセスメントの法令上の位置付け**

　化学物質のリスクアセスメントは、平成28年の安衛法改正により、SDS等通知対象物質（令和6年4月現在で896物質）について実施が義務付けられています（同法第57条の3。以後、これらを「リスクアセ

厚生労働省ホームページでは、クリエイト・シンプルなど、リスクアセスメント初心者でも使いこなせるいろいろなリスクアセスメント支援ツールが無料で提供されているのよ！

スメント対象物」という）。平成28年の法律施行以前から同一の作業方法で実施してきた業務、リスクアセスメント対象物に追加される以前から同一の作業方法で実施してきた業務など、一部に例外はあるものの、原則として、現時点で一度もリスクアセスメントを実施していないというのは、法令違反に該当することになります。

### (2) リスクアセスメントでわかること

事業場で、化学物質のリスクアセスメントを実施するとどのようなことがわかるのでしょうか。実際にリスクアセスメントを実施した事業場の声を拾ってみましょう。

・短時間だからあまり気にしなくていいと考えられていた工程の中に、リスクの高いものが含まれていることがわかった。⇒ 速やかに対処
・新たに発がん性の疑いが判明した化学物質があり、これが高いリスクの原因だと判明した。⇒ 物質や作業方法を再検討
・取扱量が少なくばく露が小さいため心配ないと感覚的に考えていたが、リスクアセスメントの結果、やはりリスクは高くないとの結果が得られ、安心した。現在の作業方法においては、大掛かりな措置は不要と考えている。
・リスクアセスメントを1つの方法で実施したらリスクは高くないとされたが、内部で議論して他の方法でも実施すべきということになった。

リスクアセスメントは、複数の方法が示されており、正答は1つではありませんが、事業場において労働災害につながる芽を摘むために有効です。必要に応じ、他のリスクアセスメントの方法を試みるようにしましょう。

### (3) リスクアセスメントの実施時期等

化学物質管理者は、事業場における化学物質管理の第一人者として、リスクアセスメントの実施に関する事項を管理することとされています。小規模な事業場では、化学物質管理者が自らリスクアセスメントを実施することも多いのですが、一定規模以上の組織では、化学物質を実際に取り扱う部門がリスクアセスメントを実施するよう、その時期や方法、結果の取扱いなどを化学物質管理者が管理することが期待されます。

**表5・1　リスクアセスメントの実施義務**（安衛則）

> ● リスクアセスメント対象物を新たに採用する / 変更する
> ● 作業の方法や作業手順を新規に採用する / 変更する
> ● 濃度基準値が設定された / SDSで発がん性の情報が更新された

　リスクアセスメントの実施時期は、安衛則において次の３つが義務付けられています（**表5・1**）。

①　対象物を原材料などとして新規に採用したり、変更したりするとき。

②　対象物を製造し、または取り扱う業務の作業の方法や作業手順を新規に採用したり変更したりするとき。

③　上の２つに掲げるもののほか、対象物による危険性又は有害性などについて変化が生じたり、生じるおそれがあったりするとき。

　このほか、リスクアセスメント指針＊1においては、次のような場合においても、リスクアセスメントを実施すべきとしています。

・労働災害が発生したとき。

・リスクアセスメント実施以降に、機械設備などが経年変化し、または労働者の多くが入れ替わるなどして知見レベルが変わったとき。

## ２．リスクアセスメントの実施

### ⑴　リスクアセスメントの準備

#### ア．実施対象の選定

　リスクアセスメントの実施対象は、次のように選定します。

・全てのリスクアセスメント対象物を対象とすること。

・原則として、製造または取扱いの業務ごとに行う。
　必要に応じて、複数の作業をまとめ、または分割してもよい。

・元方事業者にあっては、混在作業＊2についてもリスクアセスメントの対象とする（元方事業者しか知らない情報がある）。

---

＊1　**リスクアセスメント指針**：「化学物質等による危険性又は有害性等の調査等に関する指針」（平成27年9月18日危険性又は有害性等の調査等に関する指針公示第3号）（P.175参照）

＊2　**混在作業**：元方事業者の労働者と関係請負人の労働者が同一の場所で作業を行うこと。建設工事現場において、専門工事業者にも業務を行わせる場合など。

イ．情報の入手等

　　次に掲げる情報に関する資料を入手します。非定常作業を除外しないよう注意してください。上に述べた混在作業に関する資料についても入手します。

・リスクアセスメント対象物またはその混合物に係るSDS等
・関連する作業を実施する状況に関する情報（作業標準、作業手順書、機械設備等なども）

　　必要に応じ、化学物質等に係る機械設備のレイアウトや、作業環境測定結果、災害事例などの資料も入手します。

　　なお、元方事業者が、混在作業における化学物質のリスクアセスメントを実施したとき、複数の事業者が作業を行う場所に関するリスクアセスメントを実施したときは、自ら実施したリスクアセスメントの結果を関係請負人に提供します。

ウ．危険性又は有害性の特定

　　化学物質のリスクアセスメントの対象となる業務を洗い出したら、次の3つに即して危険性又は有害性を特定します。

・最新のSDS等に記載されているGHS分類
・リスクアセスメント対象物の濃度基準値、管理濃度、その他のばく露限界値
・皮膚等障害化学物質等への該当の有無

　　なお、これ以外に、過去に化学物質による労働災害が発生した作業などの情報があれば、その危険性・有害性も含めるようにしてください。

## (2)　リスクの見積り

　リスクの見積りにはさまざまな方法があり、化学物質管理者が、事業場に適した方法を選択して使用すべきということを承知しておいてください。

ア．爆発・火災のリスク

　　リスクアセスメント指針には、次の**表5・2**の方法が例示されています。ここでは、1. (1)のア. に掲げる方法として、マトリクス法による見積もりを例示します（**図5・4**）。

表5·2　リスクアセスメント指針に示されたリスクの見積もり方法(1)

| マトリクス法 | 危険または健康障害の発生可能性と重篤度を相対的に尺度化し、それらを縦軸と横軸とし、あらかじめ発生可能性と重篤度に応じてリスクが割り付けられた表を使用してリスクを見積もる方法 |
|---|---|
| 数値化法 | 危険または健康障害の発生可能性と重篤度を一定の尺度によりそれぞれ数値化し、それらを数値演算（足し算、掛け算等）してリスクを見積もる方法 |
| 枝分かれ図を用いた方法 | 危険または健康障害の発生可能性とその重篤度について、危険性への遭遇の頻度、回避可能性等をステップごとに分岐していくことにより、リスクを見積もる方法（リスクグラフ） |
| コントロール・バンディング | ILOの化学物質リスク簡易評価法を用いてリスクを見積もる方法（コントロール・バンディング）等（厚生労働省版コントロール・バンディングによる方法） |
| 災害のシナリオから見積もる方法 | 化学プラントなどの化学反応のプロセスなどによる災害のシナリオを仮定して、その事象の発生可能性と重篤度を考慮する方法（化学プラントにかかるセーフティ・アセスメントに関する指針（平成12年3月21日付け基発第149号）による方法等） |

| 危険を生ずるおそれの程度（発生可能性/ヒューマンエラー等も考慮） | | 危険の程度（重篤度/最悪の状況を想定） | | | |
|---|---|---|---|---|---|
| | | 死亡 | 後遺障害 | 休業 | 軽傷 |
| | 極めて高い | 5 | 5 | 4 | 3 |
| | 比較的高い | 5 | 4 | 3 | 2 |
| | 可能性あり | 4 | 3 | 2 | 1 |
| | ほとんどない | 4 | 3 | 1 | 1 |

| リスク | 優先度 | |
|---|---|---|
| 4〜5 | 高 | 直ちにリスク低減措置を講ずる必要がある。措置を講ずるまで作業停止する必要がある。 |
| 2〜3 | 中 | 速やかにリスク低減措置を講ずる必要がある。措置を講ずるまで使用しないことが望ましい。 |
| 1 | 低 | 必要に応じてリスク低減措置を実施する。 |

図5·4　マトリクスを用いた方法のイメージ図

　爆発・火災の発生可能性が「比較的高い」旨を左の列から選定し、発生した場合の重篤度を「後遺障害」として上の行から選定すると、リスクは「4」と得られます。これを下の表に当てはめると、「リスク4〜5」に相当し、リスクは高いことがわかります。

イ．健康障害のリスク

　リスクアセスメント指針には、**表5・3**の方法が例示されています。

表5・3　リスクアセスメント指針に示されたリスクの見積もり方法(2)

| | |
|---|---|
| 実測値による方法 | 管理濃度が定められている物質については、作業環境測定により測定した当該物質の第一評価値を当該物質の管理濃度と比較する方法 |
| | 濃度基準値が設定されている物質については、個人ばく露測定により測定した当該物質の濃度を当該物質の濃度基準値と比較する方法 |
| | 管理濃度または濃度基準値が設定されていない物質については、対象の業務について作業環境測定等により測定した作業場所における当該物質の気中濃度等を当該物質のばく露限界（日本産業衛生学会の許容濃度、ACGIH（米国産業衛生専門家会議）の TLV-TWAなど）と比較する方法 |
| 使用量などから推定する方法 | 数理モデルを用いて対象の業務に係る作業を行う労働者の周辺の対象物の気中濃度を推定し、当該物質の濃度基準値又はばく露限界と比較する方法<br>気中濃度の推定方法には、以下の方法がある。<br>① 調査対象の業務と同様の業務が行われ、作業場所の形状や換気条件が同程度である場合に、当該業務に係る作業環境測定の結果から平均的な濃度を推定する方法<br>② 消費量及び当該作業場所の気積から推定する方法並びにこれに加えて物質の拡散又は換気を考慮して推定する方法<br>③ 簡易リスクアセスメントツールであるCREATE-SIMPLE、ECETOC-TRAを用いて気中濃度を推定する方法 |
| あらかじめ尺度化した表を使用する方法 | 対象の化学物質などへの労働者のばく露の程度とこの化学物質などによる有害性を相対的に尺度化し、これらを縦軸と横軸とし、あらかじめばく露の程度と有害性の程度に応じてリスクが割り付けられた表を使用してリスクを見積もる方法 |

　国は、有害性についてのリスクアセスメントの第一段階として、クリエイト・シンプルという簡易ツールを活用したリスクアセスメントを推奨しています。クリエイト・シンプルの使い方については、第7章で説明します。ばく露限界値が比較的高い物質について、消費量が極めて少ない場合は、クリエイト・シンプルによらなくても、有害性のリスクが許容できると判定できる場合があります。

　ばく露濃度は常に推定できるとは限りません。また、実際の労働者のばく露は労働者が作業に伴い移動すると変動するため、短時間のばく露を推定することが困難な場合もあります。このようなときに推奨されるのが、実測による方法です。

　実測は、作業環境測定機関等に委託して実施することが一般的ですが、検知管を用いた簡易測定や、パッシブサンプラーなど事業場で自ら実施する方法も開発されています。実測による方法の詳細は、「化学物質管理者

選任時テキスト」を参照してください。

　また、ばく露濃度の推定は、高いところで誤差が大きくなることから、推定により、労働者の呼吸域における濃度が濃度基準値の2分の1を超えると推定される結果となったときは、技術上の指針*においては、実測による「確認測定」をするよう定められています。

　なお、技術上の指針に基づき確認測定を実施する際は、その精度を確保するため、作業環境測定士に行わせることが望ましいとされています。

ウ．ア．またはイ．に準じる方法

　個別規制対象物質など、具体的な措置が有機則や特化則などに規定され

表5·4　チェックリストによる方法のイメージ

| | チェック事項 | 判定 |
|---|---|---|
| 1 | 対象作業に適した工学的対策が取られている。<br>（密閉化、局所排気装置） | ある<br>○ |
| 2 | 局所排気装置は規則に沿った制御風速が確保できている。 | 十分でない<br>△ |
| 3 | 作業環境測定結果で「Ⅰ-1：第一管理区分」が継続している。<br>（※第三管理区分の場合は無条件で「リスク高」とする。） | いる<br>○ |
| 4 | 工学的対策が困難な場合は、全体換気および適切な保護具を使用しての作業がなされている。 | いる<br>○ |
| 5 | 特殊健康診断で対象化学物質による「所見なし」の者が継続している。<br>（※有所見者がいる場合は無条件で「リスク高」とする。） | 一部未整備<br>△ |
| 6 | 対象作業について作業標準書が整備されている。 | 一部未整備<br>△ |
| 7 | 対象作業に作業者を従事させる（雇入れ、配置換え）際、取扱い物質の危険・有害性情報、ばく露防止等を踏まえた労働衛生教育を実施している。<br>（できていない場合は無条件で「リスク高」とする。） | 一部未整備<br>△ |
| 8 | 局所排気装置等の定期自主点検がなされている。 | 未実施<br>× |
| 9 | 保護具の使用状況が管理されている。<br>（交換時期、不適切な使用の指導等） | 不十分<br>△ |
| 10 | 対象作業においてヒヤリ・ハットがある。 | ある<br>△ |

結　果：○3　△6　×1
対　応：局所排気装置の点検による制御風速のクリア
　　　　取扱い化学物質の有害性に係る教育の実施
リスクレベル：上記を実施したことでリスクレベルは低いとする。

＊**技術上の指針**：「化学物質による健康障害防止のための濃度の基準の適用等に関する技術上の指針」（令和5年4月27日技術上の指針公示第24号）（P.175参照）

ている場合は、これらの規定を確認することとしても大丈夫です。具体的には、法令に定められた措置をチェックリストで確認します（**表5・4**）。チェックリストの措置を全て満たしていれば、リスクは一定程度以下に抑えられていると考えられるのです。

　また、個別規制対象物質に含まれていなくても、危険性・有害性の程度が個別規制に含まれる１つの対象物質と同等以下とみなすことができれば、同様にチェックリストによる確認でよい場合があります。

### エ．建設工事現場等、典型的な作業を洗い出す方法

　建設工事現場などでは、典型的な作業を洗い出し、あらかじめ労働者のばく露レベルを測定により把握し、評価しておくという取組みも進められています。そのようにして作成されたマニュアルでは、ばく露低減のための措置も記されていますから、同種の作業では、マニュアルに従って適切に措置をすることで、リスクアセスメントの実施と措置を講ずることができる場合もあります。

　建設業労働災害防止協会が国の補助事業で作成した「建設業における化学物質取り扱いリスク管理マニュアル」は、該当する作業については、現場ごとに濃度測定や評価をすることなく、リスク低減措置までできる便利なツールです。令和５年度は、**表5・5**に示す建築系６作業について取りまとめられました（**表5・5**、**図5・5**）。

### (3)　リスク低減措置の検討

　リスクアセスメントの結果に基づき、労働者の危険または健康障害を防止するための措置の内容を検討する必要があります。検討に当たっては、リスク低

**表5・5　建設業における化学物質取り扱いリスク管理マニュアル\***

| ① セメント系粉体取扱い作業リスク管理マニュアル |
| ② スラリー状のコンクリートを使用する作業リスク管理マニュアル |
| ③ ドア塗装等有機溶剤取扱い作業リスク管理マニュアル |
| ④ 防水等有機溶剤取扱い作業リスク管理マニュアル |
| ⑤ シーリング等有機溶剤取扱い作業リスク管理マニュアル |
| ⑥ 接着（長尺シート等）作業リスク管理マニュアル |

\*https://www.kensaibou.or.jp/safe_tech/chemical_management/about.html

（令和5年度建設業労働災害防止協会作成）

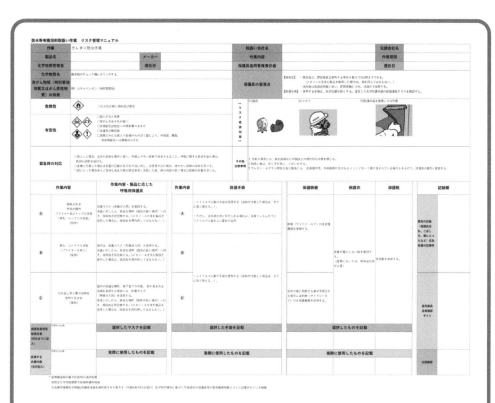

図5・5 「建設業における化学物質取り扱い
リスク管理マニュアル」の例（一部）

（令和5年度建設業労働災害防止協会作成）

表5・6　リスク低減措置の検討内容

| 優先順位 | 検討内容 |
|---|---|
| 1 | 危険性または有害性のより低い物質への代替、化学反応のプロセスなどの運転条件の変更、取り扱う化学物質などの形状の変更など、またはこれらの併用によるリスクの低減<br>※危険有害性の不明な物質に代替することは避けるようにする。 |
| 2 | 化学物質のための機械設備などの防爆構造化、安全装置の二重化などの工学的対策または化学物質のための機械設備などの密閉化、局所排気装置の設置などの衛生工学的対策 |
| 3 | 作業手順の改善、立入禁止などの管理的対策 |
| 4 | 化学物質などの有害性に応じた有効な保護具の使用 |

減措置に優先順位があることに留意してください（**表5・6**）。

　安衛則では、労働者のばく露を最小限度とすること、および濃度基準値が設定された物質については濃度基準値以下とする措置を講ずることが義務付けられています。これらの措置については、次の章に具体的に示します。

　また、言うまでもないことですが、安衛則、有機則、特化則その他の法令に規定する措置については、リスクアセスメントの結果にかかわらず講ずる必要がありますので、注意してください。

　それら法令で定められた事項が義務であることを別にすれば、実際に措置を講ずる（完了させる）ことについては、安衛法第57条の3第2項に努力義務とされており、措置の完了までに一定の時間を要することが考慮されていますが、死亡、後遺障害その他重篤な疾病のおそれのある場合は、それまでの間、暫定的措置（呼吸用保護具の使用によるばく露低減など）を直ちに実施します。

自律的な管理では、ばく露の程度を最小限度にするためのリスク低減措置の内容は、事業者が決めるのが原則よ。

## ⑷ リスクアセスメントの記録、保管、周知

### ア．記録と保管

　　リスクアセスメントを行ったときは、必要な事項について記録を作成し、次にリスクアセスメントを行うまでの期間または３年間のうちいずれか長い期間保存する必要があります（**表5・7**）。自律的な管理においては、リスクアセスメントを実施した事実と、その結果はともに重要な意味をもち、講じた措置とともに労働基準監督機関による確認の対象となります。

　　リスクアセスメントの実施記録については、様式は任意ですが、記録すべき事項が次のとおり法令に定められています。

**表5・7　化学物質管理者が行う記録・保存のための様式**（例）

| | | | | | | | |
|---|---|---|---|---|---|---|---|
| ① 事業場名： | | ② 業種： | | | ③ 代表者名： | | |
| ④ 化学物質管理者名： | | | | ⑤ 記録作成日： | | | |
| ⑥ 事業場で作成・交付しなければならないラベル表示・SDSの数：<br>　（法第57条の2）　※本社等で一括して作成している場合を除く | | | | | | | |
| ⑦ リスクアセスメント対象物数：　　　　　（義務対象物質数：　　　　　）<br>　（法第57条の3、法第28条の2） | | | | | | | |
| ⑧ リスクアセスメント対象物について収集したSDSの数： | | | | | | | |
| ⑨ リスクの見積りの方法及び適用場所数又は対象者数： | | | | | | | |
| 作業環境測定： | ばく露測定： | | クリエイトシンプル： | | マニュアル準拠： | その他： | |
| ⑩ リスクの見積りの結果に基づき対策が求められた作業場所又は労働者の数： | | | | | | | |
| 作業場所： | 労働者数： | | | | | | |
| ⑪ リスクの見積りの結果に基づきばく露低減のために検討した対策の種類及びその数： | | | | | | | |
| 代替物： | 密閉化： | 換気・排気装置： | | 作業改善： | 保護具： | その他： | |
| 　リスクの見積りの結果に基づき爆発・火災防止のために検討した対策の種類及びその数： | | | | | | | |
| 代替物： | 密閉化： | 換気・排気装置： | 着火源除去： | 作業改善： | 保護具： | その他： | |
| ⑫ リスクの見積りの結果に基づき実施した対策の種類及びその数： | | | | | | | |
| 代替物： | 密閉化： | 換気・排気装置： | 着火源除去： | 作業改善： | 保護具： | その他： | |
| ⑬ 皮膚等障害化学物質等への直接接触の防止：　対象物質数：　　　　対象労働者数：<br>　（安衛則第594条の2） | | | | | | | |
| ⑭ 濃度基準値を超えたばく露を受けた労働者の有無：　有り（人数：　　　）　　無し<br>　（安衛則第577条の2） | | | | | | | |
| 　取られた対策（措置）の種類： | | | | | | | |
| ⑮ 労働者に対する取扱い物質の危険性・有害性等の周知： | | | | | | | |
| 実施日：　　人数： | | 実施日：　　人数： | | 実施日：　　人数： | | | |
| ⑯ リスクアセスメントの方法、結果、対策等に関する労働者の教育： | | | | | | | |
| 実施日：　　人数： | | 実施日：　　人数： | | 実施日：　　人数： | | | |
| ⑰ 労働災害発生時対応マニュアルの有無：　　有り　　無し | | | | | | | |
| ⑱ 労働災害発生時対応を想定した訓練の実施：　　有り　　無し | | | | | | | |
| ⑲ 労災発生時等の労働基準監督署長による指示の有無：　　有り（回数：）　　無し<br>　（安衛則第34条の2の10） | | | | | | | |

**ステップ1** 化学物質などによる危険性又は有害性の特定

(安衛法第57条の3第1項)

例えば、作業標準等に基づき、リスクアセスメント等の対象となる業務を洗い出した上で、SDSに記載されているGHS分類結果に即して危険性又は有害性を特定する。

 **ステップ2** 特定された危険性又は有害性によるリスクの見積り

(安衛則第34条の2の7第2項)

危険性については、危険を及ぼし健康障害を生ずるおそれの程度（発生可能性）と当該危険の程度（重篤度）により、リスクを見積もる。有害性については、化学物質等にさらされる程度（ばく露の程度）と有害性の程度によりリスクを見積もる。

**ステップ3** リスクの見積りに基づくリスク低減措置の内容の検討

(安衛法第57条の3第1項)

次に掲げる優先順位で措置内容を検討する。
① 危険性又は有害性のより低い物質への代替、化学反応のプロセスなどの運転条件の変更、取り扱う化学物質などの形状の変更など、またはこれらの併用によるリスクの低減
② 化学物質のための機械設備などの防爆構造化、安全装置の二重化などの工学的対策または化学物質のための機械設備などの密閉化、局所排気装置の設置などの衛生工学的対策
③ 作業手順の改善、立入禁止などの管理的対策
④ ばく露防止のための適正な保護具の選択・使用

 **ステップ4** リスク低減措置の実施

① 法律又はこれに基づく命令の規定による措置を講ずるほか、検討した結果に従い、必要な措置を講ずるように努める (安衛法第57条の3第2項)
② 労働者のばく露の程度を最小限度にする (安衛則第577条の2第1項)
③ 労働者がばく露される程度を厚生労働大臣が定める濃度基準以下とする (安衛則第577条の2第2項)

※ ②、③ 以外は①による

 **ステップ5** リスクアセスメント結果の労働者への周知

(安衛則第34条の2の8)

リスクアセスメントを実施したら、次に掲げる事項について記録を作成し、次にリスクアセスメントを行うまでの期間保存するとともに、リスクアセスメント対象物を製造し、または取り扱う業務に従事する労働者に周知させる。
① 対象物の名称
② 対象業務の内容
③ リスクアセスメントの結果（特定した危険性又は有害性、見積もったリスク）
④ 実施するリスク低減措置（危険又は健康障害を防止するため必要な措置の内容）

**図5・6 リスクアセスメントの流れ**

①　対象物の名称

②　対象業務の内容

③　リスクアセスメントの結果（特定した危険性又は有害性、見積ったリスク）

④　当該リスクアセスメントの結果に基づき事業者が講ずる労働者の危険または健康障害を防止するため必要な措置の内容

イ．周知

　　リスクアセスメントの結果は、リスクアセスメント対象物を製造し、または取り扱う業務に従事する労働者に周知させる必要があります。周知させるべき事項は、上の記録すべき事項と同じです。

　　周知は、SDSを労働者に周知させる方法と同様に、次のような方法で行います。雇入れ時等教育において、リスクアセスメントの結果を含める必要があることに留意してください。

・作業場の見やすい場所に常時掲示し、または備え付ける。

・書面を関係労働者に交付する。

・磁気ディスク、光ディスクその他の記録媒体に記録し、常時確認できるよう機器を設置する。

リスクアセスメントは、安全管理者や衛生管理者の指示のもと、化学物質管理者が技術的事項を管理して実施するよ。

リスクアセスメントは、自律的な化学物質管理の中核だから、現場の職長やリーダーも積極的に参加しなきゃね。

## 第6章　リスクアセスメントの結果に基づく措置
### ～必要な対応を絞って確実に～

（第6章の見出しは枠内）

第6章　**リスクアセスメントの結果に基づく措置**
**～必要な対応を絞って確実に～**

## 1．リスクアセスメントに続いて行うべきこと（措置）

**○リスクアセスメントの結果に基づく措置（その1）**
【関係する法令】安衛則第577条の2（ばく露の程度の低減等）など
・リスクアセスメントの結果に基づき、ばく露を最小限度にしよう。
・濃度基準値がある67物質については、ばく露を濃度基準値以下に。
・対象物の健康診断は、濃度基準値を超えてばく露したときは必須。ほかに、リスクアセスメントの結果、リスクが高いとされたときも。
・がん原性物質は、特化則の特別管理物質と同じように30年間の管理。

### (1)　基本的考え方

　化学物質のリスクアセスメントを実施したら、その結果に基づき講ずべき措置を決めます。化学物質の取扱量や作業方法によってばく露の程度は異なるし、換気設備を稼働させてばく露を低減することもできるので、同じ化学物質を取り扱っているというだけで、同じ措置を求められるのは合理的ではありません。リスクが高いと判断したら厳重な措置を講じ、リスクが高くないと判断したら相応の措置を講ずるというのが自律的な化学物質管理の考え方です。自律的な管理において、化学物質管理者が事業場において果たす役割は重要です。安衛則では、化学物質管理者は、リスクアセスメントの実施に関し、その技術的事項を管理することとされています。

　また、安衛則では、労働者のばく露を最小限度とすること、および濃度基準値が設定された物質については濃度基準値以下とする措置を講ずることも義務付けています。以下に、これらの措置について説明します。

なお、安衛則に基づくこれらの措置と並行して、有機則、特化則、粉じん則、鉛則等の特別則の対象物質については、個別具体的な措置が定められていることに留意してください。

## (2) ばく露を最小限度にする措置【リスクアセスメント対象物】

**○リスクアセスメント対象物かどうかを確認しよう**
【関係する法令】安衛令別表第9
●厚生労働省ホームページ「職場のあんぜんサイト」で896物質の一覧表から確認するか、検索する。
●令和7年4月1日、令和8年4月1日に追加される。

リスクアセスメント対象物

**○リスクアセスメントに基づく措置は、1年以内ごとに記録・保存する**
【関係する法令】安衛則第577条の2
●令和5年度に講じた措置を年度末に記録した場合：
⇒令和8年度末まで保存（がん原性物質については異なる取扱い）

化学物質は、その利便性から広く使われていますが、その有害性について全てが判明しているわけではないため、労働者のばく露を最小限度としなければなりません。品質管理や周辺環境対策のために換気を犠牲にしたり、安価だからと溶剤を必要以上に大量に使用したりするなどばく露を不当に増加させたことが、労働者の健康障害の発生に影響したと考えられる事例は数多くあります。

労働者のばく露を最小限度にする措置に係る安衛則の規定は、令和5年4月1日から施行されており、同日以降は措置が講じられているべきものです。記録は、1年を超えない期間ごとに必要となるので、令和5年度中に実施した措置の記録が、すでに保存されていなければならないことになります。

具体的な措置は、リスクアセスメントの結果、リスクレベルが許容できないとされた場合の低減措置と同様であり、次の優先順位に従って措置します。

① 有害性のより低い物質への代替等
② 有害な化学物質の発散防止等
③ 作業手順の改善、立入禁止等の管理的対策
④ 有効な保護具の使用

安くて便利というだけで選んではダメね…。

実際には、例えば半面形防毒マスクによるばく露防止措置は、適正に使用しても接顔部からの漏れ込みにより有害物の濃度をゼロにはできず、呼吸域の濃度の10分の1程度までのばく露を見込む必要があります。このため、全体換気装置または窓の開放などにより気中濃度を可能な限り低減化した上で、防毒マスクを使用させるといった効果的な措置の併用が広く行われています。

　ばく露防止措置を講じたときは、再度リスクアセスメントを実施して、リスクレベルが許容できる範囲となったことを確認します。
　以下に、①から④までの衛生工学的対策の具体例を示します。
① 有害性のより低い物質への代替等（本質安全化）
　　原料として使用する化学物質については、別の物質への変更は困難な場合が多いのですが、それでも、防水施工に用いる原材料を発がんが疑われる物質から別のものに注意深く変更するなどの代替が行われています。金属の脱脂洗浄に用いる溶剤や、接着剤に含まれる溶剤については、油脂の溶解性や沸点が類似した物質候補が見つかることが多いのですが、価格や作業性にとらわれ過ぎず、有害性がより低いことを確認した上で、代替する必要があります。特に、GHS区分を確認し、過去に使用実績に乏しいために有害性情報が限定的な物質については、有害性に関する十分な情報を収集するのが先決です（**図6・1**）。

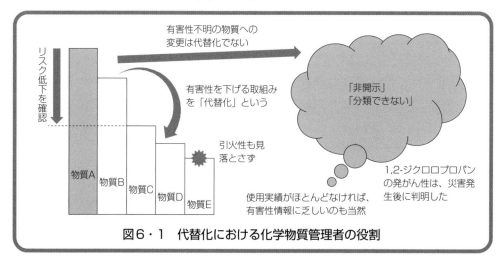

**図6・1　代替化における化学物質管理者の役割**

　また、化学物質の性状を変えることにより、ばく露を防止できる場合もあります。粉末の原材料をペレット状にすることにより、原材料を投入する際の発じんを防止した例があります。とはいえ実際には、原材料の性状を変更することにより、価格や反応条件が異なってしまうため、大掛かりな準備が必要なことも多々あります。

②　有害な化学物質の発散防止等（作業環境管理）

　化学物質の発散をできる限り抑制することにより、労働者のばく露を低減する方法がとられます。有害物を使用する機械設備を密閉したり、可能な限り囲いを設けて内部を負圧にしたりすることにより、有害物の作業場への発散を抑制するのです。粉じん作業においては、湿潤化することにより発じんを抑制する方法も可能な場合があります。

　局所排気装置やプッシュプル型換気装置といった本格的な換気設備の設置と稼働は、作業性をあまり損なわずに化学物質の発散を抑制することが可能です（**図６・２、図６・３**）。ただし、有害物が発散した空間に清浄な空気を送り込んで希釈する全体換気装置と異なり、専門工事業者による設計と設置が必要となるほか、定期的な維持管理や相当額の運転費用が必要となることをあらかじめ承知しておいてください。

　全体換気装置は、作業場内の有害物の濃度を希釈して低減する点で有効です。有害物の発散状況と換気の状況、それに労働者の位置関係によりば

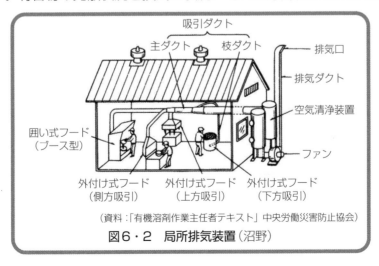

（資料：「有機溶剤作業主任者テキスト」中央労働災害防止協会）

**図６・２　局所排気装置**（沼野）

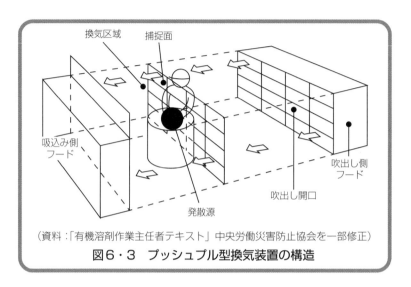

図6・3 のキャプション内のラベル：

換気区域　捕捉面

吸込み側
フード

吹出し側
フード

吹出し開口

発散源

（資料：「有機溶剤作業主任者テキスト」中央労働災害防止協会を一部修正）
**図6・3　プッシュプル型換気装置の構造**

く露の程度はさまざまであるため、ばく露の程度に応じて、④を併用します。設備投資の負担は比較的小さく、作業への制約も小さくてすみます。

③　作業手順の改善、立入禁止等の管理的対策（作業管理）

作業手順を定めた作業標準は、製品や工事の品質を確保するだけでなく、労働者のばく露低減にも役立ちます。特定の作業者が、自らの判断により機械のすき間に入り込んで丁寧に払拭したために、ばく露の程度が大きくなってしまうといった事態を防ぐことができます。作業の順序、化学物質の使用量、使用温度、発散源からの距離、作業時間などは、全てばく露の程度に影響するため、管理者が把握して必要に応じて見直し、改善を図らなければなりません。

有害物の発散源近くなど、ばく露が大きくなる場所には立入禁止措置を講じ、ばく露低減を図る方法もあります。関係者以外を立入禁止とし、必要な関係者については、④の有効な保護具を使用させる方法も行われます。これらは、労働者の行動に制約を課す管理的対策であり、全ての関係労働者が理解することが前提であるとともに、臨時の作業や緊急事態が生じた際などに遵守されないおそれがあることに留意が必要です。

④　有効な保護具の使用

自律的な化学物質管理においては、労働者のばく露の程度を濃度基準値

以下とする場合や、ばく露の程度を最小限度とするために有効な場合などにおいて、有効な呼吸用保護具の使用が認められています。ただし、講ずべき措置としては、有害性の低い物質への代替、衛生工学的対策、管理的対策を講じても十分でない場合に行うこととされているものです。

また、皮膚障害等防止用の保護具は、皮膚や眼における有害物の刺激や吸収を防止するために必要となります。

保護具により労働者のばく露防止措置を講ずる場合は、保護具着用管理責任者を選任し、保護具の適正な選択と使用、保守管理を行わせます。

屋内作業場以外の作業場においても、労働者のばく露の程度を最小限度とする義務があることに留意する必要があります。ただし、屋外の作業場などでは、ばく露の程度を正確に把握することは困難であることが多く、ばく露の程度をある程度推定した上で、呼吸用保護具を使用させる、発散源の風下に立たないよう作業方法を工夫する、労働者の後方から送風して労働者の呼吸域の濃度を低減するなど、実施可能な措置を講ずることが現実的な場合も多々あります。

また、有期工事などにおいては、時間をかけて、個人ばく露測定などによるばく露レベルの正確な把握を行っても、作業の状況が変化してしまうため措置を講ずることができないこともあります。ばく露の程度を最小限度とするという観点からは、モデル的な作業ユニットを設定し、そのユニットについてばく露レベルを把握することにより、対応する措置等を定めれば、建設専門工事など毎回異なる環境で作業を行う場合でも、必要な措置を講ずることが可能です。

建設作業など毎回異なる環境で作業を行う場合については、建設業労働災害防止協会などが、典型的な作業を洗い出し、あらかじめその作業で労働者がばく露される物質の測定を行い、その結果に基づく措置等を定めたマニュアルを作成しています（P.60参照）。関係事業者は、これを利用して、化学物質管理者の管理の下、マニュアル等に定められた措置を適切に実施することで、リスクアセスメントおよびその結果に基づく措置を実施できます。

作業ユニットの設定は、正確な測定ではなく必要な措置を整理することが目的ですから、あまり細分化することはせず、大くくりとしたほうが良

保護具の使用は、ばく露防止の最後のとりでなんだ。

いでしょう。想定外の大きなばく露を見逃すことがないよう、作業に熟知した関係者の協力が重要です。

### (3) ばく露を濃度基準値以下にする措置
【濃度基準値設定物質、かつ、屋内作業場】

**○濃度基準値設定物質かどうかを確認しよう**
【関係する法令】安衛則第577条の2
● 次に示す濃度基準値設定物質のリストから、
　①8時間濃度基準値、②短時間濃度基準値があるかを確認する。
● 屋内作業場で取り扱う場合は、濃度基準値以下であることを確認して記録する。
　記録の保存については(2)と同じ。
● 令和7年10月1日に112物質が追加となる。
　適用されると直ちに遵守義務が生ずるので、追加物質について、右のQRコードからあらかじめ調べておこう。

定められた67物質の濃度基準値

追加される112物質の濃度基準値

　リスクアセスメント対象物のうち、濃度基準値が定められている物質を製造し、または取り扱う屋内作業場においては、労働者のばく露の程度を濃度基準値以下にすることが求められています。

　令和6年4月現在、濃度基準値が適用されている物質は**表6・1**に示す67物質（そのほかに、今後適用予定の112物質が公表されている）であり、厚生労働省は、今後順次追加し、数年後には800物質程度にするとしています。濃度基準値は、ヒトや実験動物から得られた毒性データから、ヒトに健康影響がほぼ出ないとされる閾値を推定して設定されています。したがって、濃度基準値が設定された物質については、労働者のばく露の程度を濃度基準値以下にすれば問題ありません。

　今後、濃度基準値に影響を与える新たな知見（信頼性の高い論文の発表など）が得られた場合は、濃度基準値が見直されることがあり、その場合は、あらためて対応する必要があります。

表6・1　濃度基準値（令和6年4月1日現在）

| 物質名 | CAS番号 | 8時間濃度基準値 | 短時間濃度基準値 | 試料採取方法 | 分析方法 | 皮膚刺激性有害物質 | 皮膚吸収性有害物質 |
|---|---|---|---|---|---|---|---|
| アクリル酸エチル | 140-88-5 | 2 ppm | — | 固体 | GC | ● | |
| アクリル酸メチル | 96-33-3 | 2 ppm | — | 固体 | GC | ● | ● |
| アクロレイン | 107-02-8 | — | C/0.1ppm※1 | 固体※2 | HPLC | ● | ● |
| アセチルサリチル酸（別名アスピリン） | 50-78-2 | 5 mg/㎥ | — | ろ過 | HPLC | ● | |
| アセトアルデヒド | 75-07-0 | - | 10 ppm | 固体※2 | HPLC | ● | |
| アセトニトリル | 75-05-8 | 10 ppm | - | 固体 | GC | | ● |
| アセトンシアノヒドリン | 75-86-5 | — | 5 ppm | 固体 | GC | | ● |
| アニリン | 62-53-3 | 2 ppm | | ろ過※3 | GC | ● | ● |
| 1-アリルオキシ-2,3-エポキシプロパン | 106-92-3 | 1 ppm | — | 固体 | GC | ● | ● |
| アルファ-メチルスチレン | 98-83-9 | 10 ppm | | 固体 | GC | | |
| イソプレン | 78-79-5 | 3 ppm | — | 固体 | GC | | |
| イソホロン | 78-59-1 | — | 5 ppm | 固体 | GC | | |
| 一酸化二窒素 | 10024-97-2 | 100 ppm | — | 直接 | GC-ECD/GC-MS | | |
| イプシロン-カプロラクタム※4 | 105-60-2 | 5 mg/㎥ | | ろ過／固体 | GC | ●eye | |
| エチリデンノルボルネン | 16219-75-3 | 2 ppm | 4 ppm | 固体 | GC | | |
| 2-エチルヘキサン酸 | 149-57-5 | 5 mg/㎥ | — | 固体 | HPLC | ● | |
| エチレングリコール | 107-21-1 | 10 ppm | 50 ppm | 固体 | GC | | ● |
| エチレンクロロヒドリン | 107-07-3 | 2 ppm | — | 固体 | GC | | ● |
| エピクロロヒドリン | 106-89-8 | 0.5 ppm | — | 固体 | GC | ● | ● |
| 塩化アリル | 107-05-1 | 1 ppm | — | 固体 | GC | ● | |
| オルト-アニシジン | 90-04-0 | 0.1 ppm | — | 固体 | HPLC | ● | ● |
| キシリジン | 1300-73-8他 | 0.5 ppm | — | ろ過※3 | GC | | ● |
| クメン | 98-82-8 | 10 ppm | — | 固体 | GC | | |
| グルタルアルデヒド | 111-30-8 | — | C/0.03ppm※1 | 固体※2 | HPLC | ● | |
| クロロエタン（別名塩化エチル） | 75-00-3 | 100 ppm | — | 固体 | GC | | |
| クロロピクリン | 76-06-2 | — | C/0.1ppm※1 | 固体 | GC | ● | |

| 物質名 | CAS番号 | 8時間濃度基準値 | 短時間濃度基準値 | 試料採取方法 | 分析方法 | 皮膚刺激性有害物質 | 皮膚吸収性有害物質 |
|---|---|---|---|---|---|---|---|
| 酢酸ビニル | 108-05-4 | 10 ppm | 15 ppm | 固体 | GC | | |
| ジエタノールアミン | 111-42-2 | 1 mg／㎥ | ― | ろ過※3 | HPLC | ● | ● |
| ジエチルケトン | 96-22-0 | ― | 300 ppm | 固体 | GC | | |
| シクロヘキシルアミン | 108-91-8 | ― | 5 ppm | ろ過※3 | IC | ● | |
| ジクロロエチレン（1,1-ジクロロエチレンに限る。） | 75-35-4 | 5 ppm | ― | 固体 | GC | | |
| 2,4-ジクロロフェノキシ酢酸 | 94-75-7 | 2 mg／㎥ | ― | ろ過／固体 | HPLC | | ● |
| 1,3-ジクロロプロペン | 542-75-6 | 1 ppm | ― | 固体 | GC | ● | ● |
| 2,6-ジ－ターシャリ－ブチル－4-クレゾール | 128-37-0 | 10 mg／㎥ | ― | ろ過／固体 | GC | | |
| ジフェニルアミン※4 | 122-39-4 | 5 mg／㎥ | ― | ろ過／固体 | GC | ●eye | |
| ジボラン | 19287-45-7 | 0.01 ppm | ― | 液体 | ICP-AES | ● | |
| N,N-ジメチルアセトアミド | 127-19-5 | 5 ppm | ― | 固体 | GC | | ● |
| ジメチルアミン | 124-40-3 | 2 ppm | ― | 固体※2 | HPLC | ● | |
| 臭素 | 7726-95-6 | ― | 0.2 ppm | ろ過※3 | IC | ● | |
| しょう脳 | 76-22-2 | 2 ppm | ― | 固体 | GC | | |
| タリウム | 7440-28-0 | 0.02 mg／㎥ | ― | ろ過 | ICP-MS | ● | ● |
| チオりん酸O,O-ジエチル-O-（2-イソプロピル-6-メチル-4-ピリミジニル）（別名ダイアジノン） | 333-41-5 | 0.01 mg／㎥ | ― | ろ過／固体 | LC-MS | ● | ● |
| テトラエチルチウラムジスルフィド（別名ジスルフィラム） | 97-77-8 | 2 mg／㎥ | ― | ろ過／固体 | HPLC | ● | |
| テトラメチルチウラムジスルフィド（別名チウラム） | 137-26-8 | 0.2 mg／㎥ | ― | ろ過 | HPLC | ● | |
| トリクロロ酢酸 | 76-03-9 | 0.5 ppm | ― | 固体 | HPLC | ● | |
| 1-ナフチル-N-メチルカルバメート（別名カルバリル） | 63-25-2 | 0.5 mg／㎥ | ― | ろ過※3／固体 | HPLC | | ● |
| ニッケル | 7440-02-0 | 1 mg／㎥ | ― | ろ過 | ICP-AES | ● | |
| ニトロベンゼン | 98-95-3 | 0.1 ppm | ― | 固体 | GC | | ● |

| 物質名 | CAS番号 | 8時間濃度基準値 | 短時間濃度基準値 | 試料採取方法 | 分析方法 | 皮膚刺激性有害物質 | 皮膚吸収性有害物質 |
|---|---|---|---|---|---|---|---|
| N-［1-（N-ノルマル-ブチルカルバモイル）-1 H-2-ベンゾイミダゾリル］カルバミン酸メチル（別名ベノミル） | 17804-35-2 | 1 mg／㎥ | － | ろ過／固体 | HPLC | ● | |
| パラ-ジクロロベンゼン（令和7年10月1日より「ジクロロベンゼン（パラ-ジクロロベンゼンに限る）」に改正） | 106-46-7 | 10 ppm | － | 固体 | GC | ● | |
| パラ-ターシャリ-ブチルトルエン | 98-51-1 | 1 ppm | － | 固体 | GC | | |
| ヒドラジン及びその一水和物 | 302-01-2 | 0.01 ppm | － | ろ過※3 | HPLC | ● | ● |
| | 7803-57-8 | | | | | | ● |
| ヒドロキノン | 123-31-9 | 1 mg／㎥ | － | ろ過 | HPLC | ● | ● |
| ビフェニル | 92-52-4 | 3 mg／㎥ | － | 固体 | GC | ● | |
| ピリジン | 110-86-1 | 1 ppm | － | 固体 | GC | ● | ● |
| フェニルオキシラン | 96-09-3 | 1 ppm | － | 固体 | GC | ● | ● |
| 2-ブテナール | 4170-30-3 | － | C/0.3ppm※1 | 固体※2 | HPLC | ● | ● |
| フルフラール | 98-01-1 | 0.2 ppm | － | 固体 | HPLC／GC※5 | | ● |
| フルフリルアルコール | 98-00-0 | 0.2 ppm | － | 固体 | GC | ● | ● |
| 1-ブロモプロパン | 106-94-5 | 0.1 ppm | － | 固体 | GC | | |
| ほう酸及びそのナトリウム塩（四ほう酸ナトリウム十水和物（別名ホウ砂）に限る。） | 1303-96-4 | ホウ素として0.1 mg／㎥ | ホウ素として0.75 mg／㎥ | ろ過 | ICP-AES | | |
| メタクリロニトリル | 126-98-7 | 1 ppm | － | 固体 | GC | | ● |
| メチル-ターシャリ-ブチルエーテル（別名MTBE） | 1634-04-4 | 50 ppm | － | 固体 | GC | | |
| 4,4'-メチレンジアニリン | 101-77-9 | 0.4 mg／㎥ | － | ろ過※3 | HPLC | ● | ● |
| りん化水素 | 7803-51-2 | 0.05 ppm | 0.15 ppm | 固体※2 | Abs | | |
| りん酸トリトリル（りん酸トリ（オルト-トリル）に限る。） | 78-30-8 | 0.03 mg／㎥ | － | ろ過 | HPLC | | ● |
| レソルシノール | 108-46-3 | 10 ppm | － | ろ過／固体 | HPLC | ● | |

備考
1　この表の「8時間濃度基準値」および「短時間濃度基準値」の値は、温度25度、1気圧の空気中における濃度を示す。
2　CAS番号（CAS登録番号、CAS RN）は参考として示したものであり、対象物質の当否の判断は、CAS番号ではなく、物質名に該当するか否かで行う。
3　※1の付されている短時間濃度基準値については、化学物質による健康障害防止のための濃度の基準の適用等に関する技術上の指針（令和5年4月27日付け技術上の指針公示第24号）5-1の⑵のイの規定を適用するとともに、同指針5-2の⑶の規定の適用の対象となる天井値として取り扱うものとする。
4　※2の付されている物質の試料採取方法については、捕集剤との化学反応により測定しようとする物質を採取する方法であること。
5　※3の付されている物質の試料採取方法については、ろ過材に含浸させた化学物質との反応により測定しようとする物質を採取する方法であること。
6　※4が付されている物質については、蒸気と粒子の両方を捕集すべき物質であり、当該物質の試料採取方法におけるろ過捕集方法は粒子を捕集するための方法、固体捕集方法は蒸気を捕集するための方法に該当するものであること。
7　※5の付されている物質の試料採取方法については、分析方法がガスクロマトグラフ分析方法の場合にあっては、捕集剤との化学反応により測定しようとする物質を採取する方法であること。

※試料採取
　固体：固体捕集方法、液体：液体捕集方法、ろ過：ろ過捕集方法、直接：直接捕集方法、分粒：分粒装置を用いるろ過捕集方法

※分析方法
　GC：ガスクロマトグラフ分析方法
　GC-ECD/GC-MS：ガスクロマトグラフ分析方法（電子捕獲型検出器または質量分析器付き）
　HPLC：高速液体クロマトグラフ分析方法　　　IC：イオンクロマトグラフ分析方法
　ICP-AES：誘導結合プラズマ発光分光分析方法　ICP-MS：誘導結合プラズマ質量分析方法
　LC-MS：液体クロマトグラフ質量分析方法　　　Abs：吸光光度分析方法
　AAS：原子吸光分光分析方法　　　　　　重量：重量分析方法
　エックス線：エックス線回析分析方法

※皮膚刺激性有害物質
　「eye」の記載があるものは「眼に対する重篤な損傷性/眼刺激性」のみ区分1に該当し、かつ、皮膚吸収性有害物質にも該当しないため、眼に対する保護具の使用のみ必要な化学物質である。

（令和5年厚生労働省告示第177号/令和5年技術上の指針公示第24号（令和6年5月8日改正）をもとに作成）


　　令和7年10月1日から濃度基準値が新たに適用される112物質のリストは、『化学物質管理者選任時テキスト』（第3版、中央労働災害防止協会発行）に示しています。

## ⑷ 濃度基準値の考え方と技術上の指針

【濃度基準値設定物質、かつ、屋内作業場】

### ○濃度基準値以下の確認：2段階方式

【関係する法令】安衛則第577条の2

● リスクアセスメントの結果、保護具を使用しないでも濃度基準値の2分の1以下と推定されれば、濃度基準値以下とみなせる。

⇒ 事業者自ら判定し、結果を記録する。確認測定は不要

クリエイト・シンプルなどの簡易ツールによることもできる。

● 保護具を使用しないと濃度基準値の2分の1を超えると推定されるときは、確認測定（外部委託可）を行う。

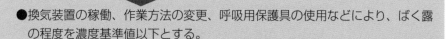

● 換気装置の稼働、作業方法の変更、呼吸用保護具の使用などにより、ばく露の程度を濃度基準値以下とする。

※確認測定のアクションレベルは、呼吸用保護具を使用しないと仮定（呼吸域の濃度）して判断するが、濃度基準値以下であることの遵守は、呼吸用保護具を使用した場合は、その内側のばく露の程度で判断してよい。

### ア．労働者がばく露される化学物質の濃度

作業場内の化学物質の気中濃度は、作業場内で均一なわけではなく、労働者がいる場所により異なります。このため、労働者がばく露される化学物質の濃度は、作業場内の平均的な濃度ではなく、個人ばく露測定など、労働者の呼吸域に測定機器を装着して測定することにより、作業場の化学物質の濃度分布に応じ、労働者が実際に動き回ることによるばらつきを考慮した値です（図6・4）。

また、労働者が防毒マスク等の呼吸用保護具を着用した場合は、労働者が吸入する空気は、防毒マスクの吸収缶等により清浄化されることになるので、実際にばく露される化学物質の濃度は、呼吸域で測定する個人ばく露測定等の濃度よりも小さい値となるはずです。

例えば、労働者の胸部に装着した器具による個人ばく露測定などで**表6・2のa)が20ppm**であるとき、呼吸用保護具がなければ、ばく露濃度は20ppmであり、半面形防毒マスク（指定防護係数10）を着用した場合

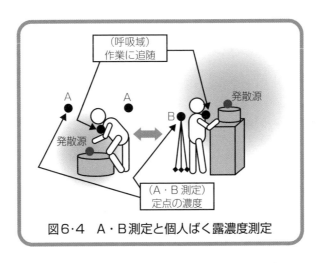

図6・4　A・B測定と個人ばく露濃度測定

表6・2　労働者がばく露する化学物質の濃度

| | | 備考 |
|---|---|---|
| 呼吸用保護具なし | a) 労働者の呼吸域で測定される濃度 | 個人ばく露測定などで実測可 |
| 呼吸用保護具あり | b) 呼吸用保護具の内側の濃度 | a) を呼吸用保護具の指定防護係数で割り算出する |

のばく露濃度は2ppmとみなすことができます（保護具の内部の濃度を実測する必要はない）。

　呼吸用保護具の指定防護係数については、P.86を参照してください。

　化学物質の濃度は、一定の測定時間における平均的濃度（時間加重平均値）で表されます。ここでは、8時間時間加重平均値と、15分間時間加重平均値の2つを考慮します。

イ．濃度基準値の考え方

　令和6年4月1日現在、測定や分析が可能で有害性情報が比較的十分な67物質に対して、国が告示で濃度基準値を示しています。濃度基準値が定められた物質については、労働者の化学物質のばく露の程度を濃度基準値以下とする必要があります。言い方を変えれば、濃度基準値以下とすれば、許容できるリスクになるということです。

　吸入ばく露についてのリスク判定は、労働者の化学物質のばく露の程度（時間加重平均値）を、国が設定した濃度基準値と比較することにより行

表6・3　濃度基準値の種類と比較すべき化学物質の濃度（義務的事項）

| | 濃度基準値の種類 | ばく露の程度 | 説　明 |
|---|---|---|---|
| ① | ８時間濃度基準値<br>（長期的な健康影響の防止） | ８時間時間加重平均値 | ８時間のばく露における化学物質の濃度の測定時間ごとの加重平均値 |
| ② | 短時間濃度基準値<br>（急性健康影響の防止） | 15分間時間加重平均値 | 最も高くなると思われる15分間のばく露における化学物質の測定時間ごとの加重平均値 |

注）①、②のいずれかが設定されたものについては、それを超えないこと。
　　①、②ともに設定されたものについては、それぞれを超えないこと。

います。国が設定した濃度基準値には、長期的な健康影響に着目した８時間濃度基準値と、急性健康影響に着目した短時間濃度基準値の２つがあり、それぞれ８時間時間加重平均値、15分間時間加重平均値と比較します（**表6・3**）。

　安衛則で定められた義務的事項は、労働者の化学物質のばく露の程度が濃度基準値を超えないことです。このほか努力義務として、高濃度ばく露の回数、高濃度ばく露の程度、天井値および混合物の取扱いについて規定があります。濃度基準値に関する努力義務については、技術上の指針に定めがあり、『化学物質管理者選任時テキスト』（第３版）の第４編第１章に詳述されています。

**ウ．濃度基準値以下であることの確認**

　屋内作業に関し、前章で説明したリスクの見積りにおいて、濃度基準値が設定された物質に対しては、労働者のばく露の程度について、クリエイト・シンプルその他の簡易ツールや数理モデルによる推定も含めた評価を行います（**図6・5**）。ばく露の程度の評価は、個々の労働者について行うわけではなく、同じような作業を行い、ばく露の程度が同程度であると考えられる一群の労働者グループ（均等ばく露作業に従事する労働者）ごとに行えば大丈夫です。

　例えば、同一機種の機械設備を用いて金属部品を研磨する８人の労働者は、均等ばく露作業に従事する労働者ですが、その近傍で、出来上がった金属部品の脱脂洗浄をする３人の労働者は、別の均等ばく露作業に従事する労働者ということになります。

　均等ばく露作業に従事する労働者について、労働者のばく露の程度を推

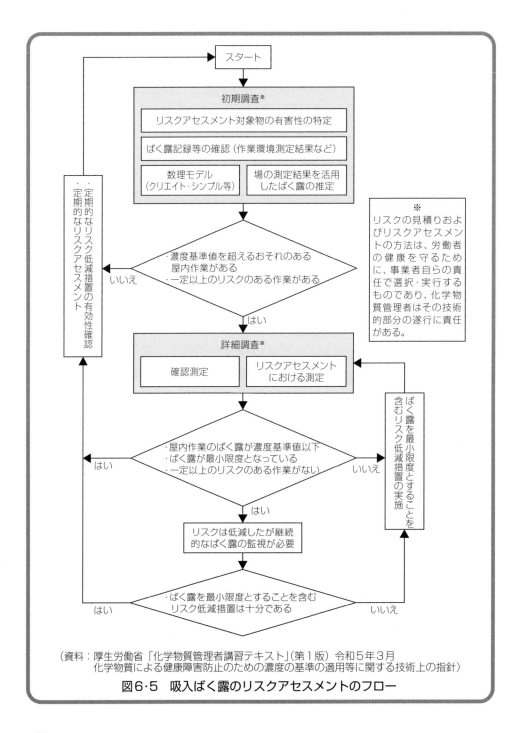

（資料：厚生労働省「化学物質管理者講習テキスト」（第1版）令和5年3月
化学物質による健康障害防止のための濃度の基準の適用等に関する技術上の指針）

**図6・5　吸入ばく露のリスクアセスメントのフロー**

定したり、実測したりするためには、事業場の化学物質管理者が、作業の実態に即して、均等ばく露作業のグループを定める必要があり、これを適切に行わないと、労働者のばく露の程度を正しく把握できません。

　改正された技術上の指針によれば、まず、簡易リスクアセスメントツールや数理モデルにより労働者の呼吸域の濃度を計算し、または簡易測定により把握して濃度基準値と比較します。該当する８時間濃度基準値や短時間濃度基準値の２分の１を超えると評価される場合は、「労働者のばく露の程度が濃度基準値を超えるおそれがある」と判断されることから、確認測定を実施することになります。

　確認測定は、労働者がその物質にばく露される程度が濃度基準値以下であることを確認するための測定で、個人ばく露測定により行います。専用の機材を必要とするため、作業環境測定機関等に委託して実施することが一般的ですが、化学物質管理者は、上に述べた均等ばく露作業に従事する労働者を正しく設定するよう、作業の状況について必要な情報を提供しなければなりません。

エ．屋内作業場以外の作業場について

　濃度基準値は、屋内作業のみに適用されるので、濃度基準値以下であることの確認や確認測定については、屋外作業場には適用されないと考えて問題ありません。しかし、屋外作業場についても、リスクアセスメントおよびその結果に基づく措置を実施する必要があります（令和５年４月27日パブリックコメントに対する厚生労働省回答）。必要に応じ、リスクアセスメントのための測定を実施しましょう。

　例えば、屋外作業場において、濃度基準値設定物質を容器に投入する作業や取り出す作業が間欠的に生ずる場合、短時間のばく露であっても労働者のばく露の程度は許容できないことが考えられます。化学物質管理者は、取り扱う化学物質の危険性・有害性の程度や作業方法などを勘案し、必要

確認測定の要否は、呼吸用保護具の外の濃度によって判断し、濃度基準値を超えているか否かは呼吸用保護具の中の濃度で判断するよ。

と判断するときは、その作業時間を含む一定時間について個人ばく露測定を行い、ばく露レベルを評価するなどの対応が望まれます。ただし、その場合の措置については、必ずしも工学的対策を優先することまでは求められません。ばく露が大きいと考えられる時間帯に、必要な保護具を使用させるといった措置が考えられます。

## (5) 濃度基準値が設定されていない物質

濃度基準値が設定されていない物質には、次のようなものがあります。

① 今後濃度基準値が設定される予定の物質

国により濃度基準値が定められた後に、(4)による措置を実施することとなります。当分の間、濃度基準値に代えて、国内外の基準策定機関が定める他のばく露限界値を用いて評価することが望ましいとされています。

② 特別則で規制されている物質

特別則で個別に規制されている物質については、濃度基準値は設定されませんが、規制に従い必要な措置を講ずる必要があります。管理濃度が定められている物質については、指標として活用できます。

③ 発がん性が明らかな物質

安全な閾値がないため、濃度基準値は設定されません。数値的な規制がないわけではなく、ばく露を可能な限りゼロに近づけることが期待されます。

④ 測定、分析手法が示されていない物質

測定・分析方法が示されている物質については、外部機関に個人ばく露測定を委託できることがあります。

## (6) 呼吸用保護具によるばく露防止措置

### ○呼吸用保護具を正しく選択しよう

●空気中の酸素濃度が18%以上で、有害物質の種類や濃度がわかる場合

防じんマスク、防毒マスク、電動ファン付き呼吸用保護具（P-PAPR、G-PAPR）などから正しい呼吸用保護具を選択する。

そうでない場合は、エアラインマスクやホースマスクにより、外部から新鮮な空気を供給する必要がある。

> ●粒子状物質：防じんマスクまたは防じん機能を有する電動ファン付き呼吸用保護具（P-PAPR）から選択
> 　オイルミストがある場合は、対応するろ過材を確認する。
> ●気体：防毒マスクまたは防毒機能を有する電動ファン付き呼吸用保護具（G-PAPR）から選択
> 　有害物質の種類や濃度に応じて、吸収缶を選択
> 　吸収缶の破過までの時間を見積もる

　発散源の密閉化や局所排気装置の設置・稼働が困難な場合や、全体換気装置により作業環境中の有害物質の濃度を下げても、リスクが許容できない場合、濃度基準値以下とならない場合は、呼吸用保護具を使用して、労働者のばく露の程度を低減することができます。呼吸用保護具の選択、使用、保守管理については、保護具着用管理責任者の職務とされていますが、化学物質管理者も、以下の基本的事項を理解しておきましょう。

### ア．呼吸用保護具の種類

　呼吸用保護具には、さまざまな種類があります。呼吸用保護具の全体像は、**図6・6**に示すとおりです。

### ㋐　空気中の酸素濃度または有害物質が不明の場合

　空気中の酸素濃度が18％以上であることが明らかでない作業場では、防じんマスク、防毒マスク、電動ファン付き呼吸用保護具を使用することはできません。ろ過式の呼吸用保護具では、不足する酸素を供給することができないためです。このようなときは、送気マスクを使用し、外部から空気または圧縮空気を供給する必要があります。また、空気中の有害物質の種類や濃度がわからない場合も、防毒マスクが破過（P.89参照）してしまったり、機能しないおそれがあるため、使用できません。送気マスクを使用します。

### ㋑　粒子状物質

　空気中の酸素濃度が18％以上であり、有害物質の種類が粒子状物質である場合は、防じんマスクまたはP-PAPRを使用させましょう。粉じん作業であっても、有害ガス・蒸気が存在する場合や外部から流入する場合は、㋒などにより有害ガス・蒸気に対応する呼吸用保護具を選定

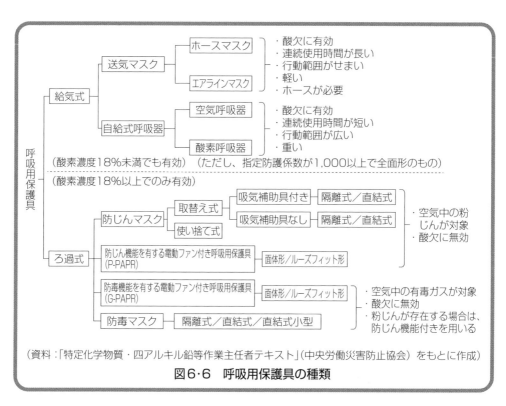

（資料：「特定化学物質・四アルキル鉛等作業主任者テキスト」（中央労働災害防止協会）をもとに作成）

**図6・6　呼吸用保護具の種類**

した上で、防じん機能を付加させる必要があります。

　㋒　気体

　　空気中の酸素濃度が18%以上であり、有害物質の種類が気体である場合は、有害物質のガス・蒸気の種類と濃度に応じて、使用可能な吸収缶を有する防毒マスクまたはG-PAPRを選択します。

**イ．呼吸用保護具の防護係数**

　呼吸用保護具を装着したときに、有害物質からどの程度防護できるかを示すものとして、防護係数があります。防護係数は、呼吸用保護具を装着した際の面体等の内側と外側における有害物質濃度の比ですから、防護係数が高いほど、有害物質の漏れ込みが少ない、すなわち防護性能が高い保護具といえます（**表6・4**）。

　面体の内部の有害物質濃度の代わりに、濃度基準値その他のばく露限界値を入れると、外部の濃度をその濃度以下にするために必要な呼吸用保護

表6・4　防護係数の例

| 面体の外部の有害物質濃度 | 面体の内部の有害物質濃度 | 防護係数 |
|---|---|---|
| 100ppm | 20ppm | 5 |
| 20ppm | 2ppm | 10 |
| 500ppm | 10ppm | 50 |
| 50mg/㎥ | 2.5mg/㎥ | 20 |

具の防護係数がわかります。これを要求防護係数といいます。

　例えば、呼吸域で測定した、あるいは推定したアセトニトリルの濃度が120ppmであるとき、8時間濃度基準値10ppm以下とするために必要な要求防護係数は、12となります。それよりも高い指定防護係数をもつ呼吸用保護具を選択すればよいわけです。防毒マスク、G-PAPRの指定防護係数を**表6・5**から探すと、半面形防毒マスクは指定防護係数10で不足、全面形防毒マスクか半面形G-PAPRが指定防護係数50で要件を満たすことになります。

ウ．防じんマスクとP-PAPR

　粒子状物質をろ過材で捕捉して清浄化する呼吸用保護具です。

　防じんマスクは、「防じんマスクの規格」（昭和63年労働省告示第19号）に、P-PAPRについては、「電動ファン付き呼吸用保護具の規格」（平成26年厚生労働省告示第455号）に、それぞれ構造と性能が定められており、規格を具備したもの以外は、譲渡や貸与が禁止されています（**図6・7**）。

| 使い捨て式防じんマスク | ろ過材と面体が一体のもの。使用限度時間がある。<br>DS1, DS2, DS3　　DL1, DL2, DL3など |
|---|---|
| 取替え式防じんマスク | シリコーン製など耐久性のある素材の面体をもつ。<br>ろ過材を交換して使用する。<br>RS1, RS2, RS3　　RL1, RL2, RL3など |
| 防じん機能を有する電動ファン付き呼吸用保護具P-PAPR | 電動ファンにより清浄な空気を供給する<br>面体のないルーズフィット形もある<br>PS1, PS2, PS3　　PL1, PL2, PL3など |

図6・7　防じんマスクとP-PAPR

## 表6・5　指定防護係数一覧

●ろ過式呼吸用保護具の指定防護係数

| 呼吸用保護具の種類 | | | | | 指定防護係数 |
|---|---|---|---|---|---|
| 防じんマスク | 取替え式 | 全面形面体 | RS3又はRL3 | | 50 |
| | | | RS2又はRL2 | | 14 |
| | | | RS1又はRL1 | | 4 |
| | | 半面形面体 | RS3又はRL3 | | 10 |
| | | | RS2又はRL2 | | 10 |
| | | | RS1又はRL1 | | 4 |
| | 使い捨て式 | | DS3又はDL3 | | 10 |
| | | | DS2又はDL2 | | 10 |
| | | | DS1又はDL1 | | 4 |
| 防毒マスク注1 | 全面形面体 | | | | 50 |
| | 半面形面体 | | | | 10 |
| 防じん機能を有する電動ファン付き呼吸用保護具（P-PAPR） | 面体形 | 全面形面体 | S級 | PS3又はPL3 | 1,000 |
| | | | A級 | PS2又はPL2 | 90 |
| | | | A級又はB級 | PS1又はPL1 | 19 |
| | | 半面形面体 | S級 | PS3又はPL3 | 50 |
| | | | A級 | PS2又はPL2 | 33 |
| | | | A級又はB級 | PS1又はPL1 | 14 |
| | ルーズフィット形 | フード又はフェイスシールド | S級 | PS3又はPL3 | 25 |
| | | | A級 | PS3又はPL3 | 20 |
| | | | S級又はA級 | PS2又はPL2 | 20 |
| | | | S級、A級又はB級 | PS1又はPL1 | 11 |
| 防毒機能を有する電動ファン付き呼吸用保護具（G-PAPR）注2 | 防じん機能を有しないもの | 面体形 | 全面形面体 | | 1,000 |
| | | | 半面形面体 | | 50 |
| | | ルーズフィット形 | フード又はフェイスシールド | | 25 |
| | 防じん機能を有するもの | 面体形 | 全面形面体 | PS3又はPL3 | 1,000 |
| | | | | PS2又はPL2 | 90 |
| | | | | PS1又はPL1 | 19 |
| | | | 半面形面体 | PS3又はPL3 | 50 |
| | | | | PS2又はPL2 | 33 |
| | | | | PS1又はPL1 | 14 |
| | | ルーズフィット形 | フード又はフェイスシールド | PS3又はPL3 | 25 |
| | | | | PS2又はPL2 | 20 |
| | | | | PS1又はPL1 | 11 |

注1：P-PAPRの粉じん等に対する指定防護係数は、防じんマスクの指定防護係数を適用する。有毒ガス等と粉じん等が混在する環境に対しては、それぞれにおいて有効とされるものについて、面体の種類が共通のものが選択の対象となる。

注2：G-PAPRの指定防護係数の適用は、次による。なお、有毒ガス等と粉じん等が混在する環境に対しては、①と②のそれぞれにおいて有効とされるものについて、呼吸用インタフェースの種類が共通のものが選択の対象となる。

　①　有毒ガス等に対する場合：防じん機能を有しないものの欄に記載されている数値を適用。

　②　粉じん等に対する場合：防じん機能を有するものの欄に記載されている数値を適用。

●その他の呼吸用保護具の指定防護係数

| 呼吸用保護具の種類 | | | 指定防護係数 |
|---|---|---|---|
| 循環式呼吸器 | 全面形面体 | 圧縮酸素形かつ陽圧形 | 10,000 |
| | | 圧縮酸素形かつ陰圧形 | 50 |
| | | 酸素発生形 | 50 |
| | 半面形面体 | 圧縮酸素形かつ陽圧形 | 50 |
| | | 圧縮酸素形かつ陰圧形 | 10 |
| | | 酸素発生形 | 10 |
| 空気呼吸器 | 全面形面体 | プレッシャデマンド形 | 10,000 |
| | | デマンド形 | 50 |
| | 半面形面体 | プレッシャデマンド形 | 50 |
| | | デマンド形 | 10 |
| エアラインマスク | 全面形面体 | プレッシャデマンド形 | 1,000 |
| | | デマンド形 | 50 |
| | | 一定流量形 | 1,000 |
| | 半面形面体 | プレッシャデマンド形 | 50 |
| | | デマンド形 | 10 |
| | | 一定流量形 | 50 |
| | フード又はフェイスシールド | 一定流量形 | 25 |
| ホースマスク | 全面形面体 | 電動送風機形 | 1,000 |
| | | 手動送風機形又は肺力吸引形 | 50 |
| | 半面形面体 | 電動送風機形 | 50 |
| | | 手動送風機形又は肺力吸引形 | 10 |
| | フード又はフェイスシールド | 電動送風機形 | 25 |

●高い指定防護係数で運用できる呼吸用保護具の種類の指定防護係数[注3]

| 呼吸用保護具の種類 | | | | 指定防護係数 |
|---|---|---|---|---|
| 防じん機能を有する電動ファン付き呼吸用保護具（P-PAPR） | 半面形面体 | S級かつPS3又はPL3 | | 300 |
| | フード | S級かつPS3又はPL3 | | 1,000 |
| | フェイスシールド | S級かつPS3又はPL3 | | 300 |
| 防毒機能を有する電動ファン付き呼吸用保護具（G-PAPR）[注2] | 防じん機能を有しないもの | 半面形面体 | | 300 |
| | | フード | | 1,000 |
| | | フェイスシールド | | 300 |
| | 防じん機能を有するもの | 半面形面体 | PS3又はPL3 | 300 |
| | | フード | PS3又はPL3 | 1,000 |
| | | フェイスシールド | PS3又はPL3 | 300 |
| フードを有するエアラインマスク | | | 一定流量形 | 1,000 |

注3：この表の指定防護係数は、JIS T 8150 の附属書JC に従って該当する呼吸用保護具の防護係数を求め、この表に記載されている指定防護係数を上回ることを該当する呼吸用保護具の製造者が明らかにする書面が製品に添付されている場合に使用できる。

（令和5年5月25日付け基発0525第3号をもとに作成）

　規格を具備した防じんマスク、P-PAPRは、面体やろ過材に型式検定合格標章が付されているので、確認することができます（**図6・8**）。

　防じんマスク、P-PAPRの選択に当たっては、次の点に留意します。

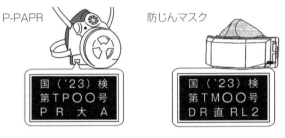

（出典：「特定化学物質・四アルキル鉛等作業主任者テキスト」中央労働災害防止協会）

**図6・8　検定合格標章の例**

・ろ過材は、オイルミストの存在により粉じん捕集効率が低下するものがある。オイルミストの存在下で使用する場合は、DL、RL、PLなどオイルミストに対応したものを選択する。

・使い捨て式防じんマスクには、使用限度時間が定められている。これを超えると、型くずれなどにより漏れ込みが大きくなるので、使用限度時間の範囲で使用する。

エ．**防毒マスクとG-PAPR**

ガスや蒸気など気体を吸収缶で除去して清浄化する呼吸用保護具です（**図6・9**）。

防毒マスクは、「防毒マスクの規格」（平成2年労働省告示第68号）にハロゲンガス用、有機ガス用、一酸化炭素用、アンモニア用、亜硫酸ガス用の5種類について、G-PAPRについては、「電動ファン付き呼吸用保護具の規格」（平成26年厚生労働省告示第455号）に、ハロゲンガス用、有機ガス用、アンモニア用、亜硫酸ガス用の4種類について、それぞれ構造と性能が定められています（**図6・10**）。防毒マスクのうち、適応ガスが定められた5種類については、規格を具備したもの以外は、譲渡や貸与が禁止されています。また、G-PAPRのうち、適応ガスが定められた4種類については、令和8年10月1日から、規格を具備したもの以外は、譲渡や貸与が禁止されることになっています。

規格を具備した防毒マスク、G-PAPRは、面体や吸収缶に型式検定合格標章が付されているので、確認することができます。

隔離式 全面形 　　　　　　直結式小型 半面形

図6・9　防毒マスクの例

| 直結式小型防毒マスク | 0.1％以下の大気中で使用する非緊急用のもの |
| 直結式防毒マスク | 1％（アンモニアは1.5％）以下の大気中で使用するもの |
| 隔離式防毒マスク | 2％（アンモニアは3％）以下の大気中で使用するもの |
| 防毒機能を有する電動ファン付き呼吸用保護具G-PAPR | 電動ファンにより清浄な空気を供給する<br>面体のないルーズフィット形もある<br>譲渡等制限は、令和8年10月から |

図6・10　防毒マスクとG-PAPR

　防毒マスク、G-PAPRの選択、使用に当たっては、次の点に留意します。
・有害物質の種類と濃度範囲を確認し、適応ガスに適合した吸収缶と、使用区分に応じた防毒マスク、G-PAPRを選定する。
・有害物質の種類と濃度範囲により、除毒能力がなくなる破過までの時間が異なるので、あらかじめ吸収缶の使用交換時間を決める。
　吸収缶の吸収材に有害ガスが捕集されていくと、ある時点から捕集しきれなくなり、有害ガスが吸収缶を通過してしまいます。この状態を吸収缶の「破過」といい、防毒マスクやG-PAPRを装着していても有害ガスを吸入してしまうことになります。このため、あらかじめ吸収缶の破過時間を見積り、使用中に破過が起きないよう、使用交換時間を決めます。

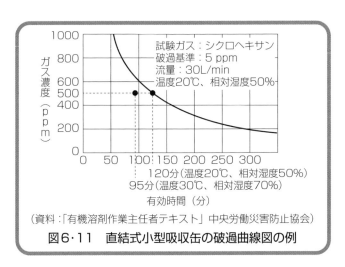

図6·11　直結式小型吸収缶の破過曲線図の例

有害物質の濃度に応じて破過時間は変わりますので、有機ガス用防毒マスクの吸収缶には、試験ガスであるシクロヘキサンに対する破過時間とガス濃度との関係を示す破過曲線図が添付されています（**図6·11**）。破過時間は、有害物質の種類によっても変わりますから、シクロヘキサンに対する相対破過比のデータを用いて、別の有害物質に対する破過時間を見積もることができます（**表6·6**）。

表6·6　シクロヘキサンに対する相対破過比（RBT）例

| 有機溶剤名 | RBT | 有機溶剤名 | RBT | 有機溶剤名 | RBT |
|---|---|---|---|---|---|
| N,N-ジメチルホルムアミド | 2.11 | キシレン | 1.42 | 酢酸イソブチル | 1.14 |
| ブチルセロソルブ | 2.03 | トルエン | 1.42 | 1,1,1-トリクロルエタン | 1.11 |
| 1-ブタノール | 1.81 | 1,4-ジオキサン※ | 1.42 | 酢酸ベンチル | 1.08 |
| シクロヘキサノン | 1.80 | メチルイソブチルケトン※ | 1.40 | 四塩化炭素※ | 1.06 |
| セロソルブアセテート | 1.77 | メチルシクロヘキサノン | 1.40 | 酢酸エチル | 1.02 |
| セロソルブ | 1.71 | 酢酸ブチル | 1.37 | 1,2-ジクロルエチレン | 0.89 |
| オルト-ジクロルベンゼン | 1.70 | メチルシクロヘキサノール | 1.36 | N-ヘキサン | 0.88 |
| スチレン※ | 1.68 | テトラヒドロフラン | 1.33 | クロロホルム※ | 0.78 |
| クロルベンゼン | 1.64 | 酢酸プロピル | 1.28 | エチルエーテル | 0.65 |
| イソベンチルアルコール | 1.63 | シクロヘキサノール | 1.27 | 酢酸メチル | 0.63 |
| 2-ブタノール | 1.60 | 1,2-ジクロロエタン※ | 1.24 | アセトン | 0.51 |
| イソブチルアルコール | 1.58 | メチルブチルケトン | 1.24 | 二硫化炭素 | 0.41 |
| 1,1,2,2-テトラクロロエタン※ | 1.54 | 酢酸イソプロピル | 1.18 | ジクロロメタン※ | 0.23 |
| メチルセロソルブ | 1.54 | メチルエチルケトン | 1.17 | メタノール | 0.02 |
| トリクロロエチレン※ | 1.49 | 酢酸イソベンチル | 1.17 | | |
| テトラクロロエチレン※ | 1.43 | イソプロピルアルコール | 1.15 | | |

※特別有機溶剤（特定化学物質）

（資料：「有機溶剤作業主任者テキスト」中央労働災害防止協会）

### オ．給気式呼吸用保護具

送気マスクには、ホースマスクとエアラインマスクとがあり、圧縮空気を空気源として送気するエアラインマスクが多くみられます。送気マスクは、ホースやエアラインが必要となるため、作業者の行動範囲に制約を受けます。そのため、緊急時や臨時の作業には、空気呼吸器が用いられることがあります。これら給気式呼吸用保護具の詳細については、「化学物質管理者選任時テキスト」（第３版、中央労働災害防止協会）の第４編第５章を参照してください。

### (7) 皮膚等障害化学物質等に対する措置

**〇リスクアセスメントの結果に基づく措置（その２）**

【関係する法令】安衛則第594条の２（皮膚障害等防止用の保護具）など

● 化学物質は、皮膚や眼からも侵入する。保護衣、保護手袋、履物、保護眼鏡等を備え付ける。

● 不浸透性の保護手袋などの使用義務付け物質は、1,064種類
・皮膚刺激性有害物質868種類：SDSで確認できる。
触れると痛みを伴う酸、アルカリ、アレルギー性物質など
・皮膚吸収性有害物質320種類：国が示すリストで確認する。
触れてもわからないことがある。
⇒ 物質と作業方法に対応した保護具を選び、正しく使う。

● その他の物質についても、必要に応じて、保護衣、保護手袋、履物、保護眼鏡等を使用させよう。

| 特別規則対象物質 | ①皮膚刺激性有害物質 744物質 | ①かつ② 124物質 | ②皮膚吸収性有害物質 196物質 |
|---|---|---|---|

従来通り保護具着用の義務あり　｜　皮膚等障害化学物質　1,064物質　令和6年4月1日から保護具着用が義務化された

化学物質が皮膚や眼に付着することによる健康障害を防止するとともに、皮膚や眼に炎症を起こしたり、皮膚から体内に吸収されたりすることによる健康障害を防止するため、皮膚障害等防止用の保護具が使用されます。

### ア．皮膚障害等防止用の保護具の種類

安衛則に規定する皮膚障害等防止用の保護具は、保護衣、保護手袋、履

物、保護眼鏡があります。

安衛則に規定する皮膚障害等防止用の保護具
（一般的な名称で、不浸透性とは限らない）
① 保護衣：化学防護服、前掛け、白衣、作業着など
② 保護手袋：化学防護手袋、その他のゴム手袋など
③ 履物
④ 保護眼鏡
　通常の白衣、作業着などは、液滴が身体にかかるなど、皮膚等障害化学物質等のばく露が想定されるところでは、保護具としては使えません。
【保護手袋の選定ポイント】
　皮膚障害や、後日重篤な病気を防ぐため、次のことを厳守してください。
●高価な保護手袋でも、8時間超は規格の定めがないため、時間管理を徹底する
●防護性能が不明の手袋（食品衛生用など）は、化学物質の皮膚接触が推定される作業に使用しない（JIS T 8116やASTM F739の規格適合を確認する）
●手袋素材と化学物質の相性をよく確認する
●ハイリスク作業（特に化学物質の接触面積が大きい作業）については、化学品との相性を厳格に確認し、使用基準を整備する

イ．化学防護手袋の重要性
　有機溶剤やインク、染料などの取扱いにおいて、素手で直接触れるような作業は少なくなりましたが、使われている手袋の素材についてはあまり考慮されていないことも少なくありません。
　化学物質のばく露は、特に揮発性化学物質において作業環境中からの呼吸による吸収に着目されることが多いのですが、皮膚や粘膜からも吸収されます。また、手袋を装着していても、手袋の劣化や、化学物質の浸透、透過により、化学物質が皮膚に直接付着してしまうこともあります。この

ため、揮発性の低い化学物質であっても、皮膚からの吸収により体内に蓄積されることを考慮する必要があるのです。実際に、近年の災害調査からは経皮吸収によるばく露を示唆する事例もみられています。

　作業現場での保護手袋の透過には、手袋の素材や厚さ、使用する化学物質の種類やばく露の程度、作業方法や作業時間などが影響するため、事業場において、保護手袋を適正に選択し、正しく使用し、保守管理をすることが求められます。

## (8)　皮膚等障害化学物質等に対する遵守義務

**〇皮膚等障害化学物質等への該当を確認しよう**

【関係する法令】安衛則第594条の2（皮膚障害等防止用の保護具）など

● 右のQRコードから、国の皮膚等障害化学物質等のリストを参照し、該当の有無を確認する。

● 該当する場合は、その種類についても整理しておく。

①　eyeマーク：保護眼鏡のみの措置でよいもの

②　皮膚刺激性有害物質：①以外　アレルギー物質を含む

③　皮膚吸収性有害物質：②と重複がある

皮膚等障害
化学物質等

---

**②皮膚刺激性有害物質**

<u>皮膚または眼に障害を与えるおそ</u>れがあることが明らかな化学物質

→<u>局所影響</u>
（化学熱傷、接触性皮膚炎など）

刺激

化学物質

---

**③皮膚吸収性有害物質**

<u>皮膚から吸収</u>され、もしくは<u>皮膚に侵入</u>して、健康障害のおそれがあることが明らかな化学物質

→<u>全身影響</u>
（意識障害、各種臓器疾患、発がんなど）

吸収

化学物質

---

● がん原性物質のリストも確認しておく（P.177）
　ばく露が小さくても職業がんリスク。取扱いを厳重に

**〇保護衣、保護手袋、履物、保護眼鏡を正しく選定し、正しく使う**

● 特に保護手袋は、手指への化学物質の接触の度合い等も勘案して、適正な手袋素材を選定する。

　安衛則第594条の2においては、皮膚等障害化学物質等を製造し、または取り扱う業務に労働者を従事させるときは、不浸透性の保護衣、保護手袋、履物または保護眼鏡等適切な保護具を使用させることが義務付けられています。

　ここでいう「不浸透性」には、化学物質が液体として浸みこまないこと（耐浸

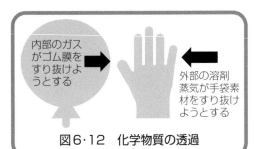

図6・12　化学物質の透過

透性）のほか、化学物質の蒸気が素材の内部をすり抜けないこと（耐透過性）も含まれています。耐浸透性についてはピンホールなどの不良品を排除することで防ぐことができますが、耐透過性は時間の問題であり、時間が経てばどの素材でも透過してしまいます。ちょうど、風船の内部のガスが時間とともにゴム膜をすり抜けて外部に出てしまい、風船がしぼんでいくようなものです（**図6・12、表6・7**）。透過による皮膚への直接接触を防止するため、保護手袋では、素材と化学物質ごとに、その透過時間（使用可能時間）を確認しなければなりません。

　皮膚等障害化学物質等については、特に化学物質の浸透や透過も念頭に置き、化学物質の種類と作業内容に応じて、保護手袋等の素材や使用時間を考慮する

表6・7　皮膚等障害化学物質等に対する明らかに不適切な保護具の使用例

| | 事　例 | 状　況 | 改善策 |
|---|---|---|---|
| 1 | 手近のポリエチレン手袋を着用して殺菌剤を薄めたら、溶着部のすき間から殺菌剤が浸み込み指先が痛んだ。 | 抜取り検査により浸透する不良品が多数あった。強度不足で孔が開いた可能性も。 | 皮膚接触が推定される作業では、JIS T 8116、ASTM F739などへの適合を確認する。 |
| 2 | 塗装剥離の際に作業着で行ったため、作業着の内側の溶剤蒸気の濃度が高濃度となった。膝をついたら剥離剤が作業着に浸み込んだ。 | 作業着は、剥離剤（溶剤）自体が浸透するほか、繊維のすき間から溶剤蒸気がすり抜ける。 | 有機溶剤蒸気を遮断するタイプ3の化学防護服を選択する。熱中症予防対策も必要 |
| 3 | ウレタン製手袋を着用して塩素系溶剤で金属部品の脱脂洗浄を続けたところ、3日目で指先に痛みを感じた。 | そのウレタン素材の塩素系溶剤の耐透過時間は5分であった。痛みを感じる前から手指経由で吸収が続いたと考えられる。 | 化学物質と手袋素材との相性をよく確認する。特に、ウエスで拭き取るなど接触面積の大きい作業では、耐透過特性を踏まえて使用可能時間を設定し厳格に運用する。翌日使用は厳禁 |
| 4 | 試験研究において万一のためニトリル手袋を着用していたところ、硝酸が手指にかかった。作業を続けていたところ、指先が黄変した。 | そのニトリル手袋は硝酸付着後数分で変性することがわかった。 | 化学物質が手袋に付着した場合は直ちに交換するよう徹底する。接触しないと推定される作業についても、作業性を損ねない範囲で耐酸性能の高い素材・厚さの手袋に変更する。 |
| 5 | 化学物質が付着した資材の分別において、ブチルゴム製手袋を使用するが、高価なため週に1度の交換にとどめている。 | ブチルゴム製手袋は多くの化学物質に対応できるが、8時間以上は保障されない。 | 手指への接触が想定される作業では、耐透過特性を踏まえて使用可能時間を設定して運用する。翌日使用は厳禁 |

必要があります。安衛則に定める保護衣、保護手袋、履物、保護眼鏡といった皮膚障害等防止用の保護具は、広い範囲を指します。不浸透性かどうかは、化学物質の種類と取扱い状況に応じて一義的には事業者が判断します。このため、自社における化学物質の取扱状況が、皮膚障害

表6・8　皮膚障害等防止用の保護具の日本産業規格

| | 日本産業規格 | 改正時期 |
|---|---|---|
| 化学防護服 | T 8115 | 2015年 |
| 化学防護手袋 | T 8116 | 2005年 |
| 化学防護長靴 | T 8117 | 2005年 |
| 保護めがね | T 8147 | 2016年 |

や皮膚吸収による遅発性障害（職業がんなど）の観点からハイリスクと思われる場合は、日本産業規格などに定める化学防護服、化学防護手袋、化学防護長靴および保護めがねの技術基準（**表6・8**）を熟読し、その性能や試験方法に従って保護具を選定することが望まれます。ただし日本産業規格に示す性能は、あくまで標準物質に対するもののため、規格に適合することはもとより、使用する化学物質に対して効果のあるものであることを確認する必要があります。

## ⑼　その他の物質に対する努力義務

それでは、皮膚等障害化学物質等に該当しない物質についてはどうでしょう

### コラム　化学物質の浸透と透過

安衛則で規定する不浸透性の保護手袋には、耐浸透性、耐透過性をともに満たすことが求められます。化学物質の浸透とは、ピンホールや縫い目などから液体が浸み込むことをいい、JISにおける耐浸透性クラスは、抜取検査の不良品率で表されます。一方、化学物質の透過とは、何ら傷のない手袋素材を、化学物質が分子レベル（気体）ですり抜けることをいい、ヘリウム風船を放置すると内部のヘリウムガスが抜

けてしぼむのがよい例で、これは風船内のヘリウムガスが風船素材をすり抜けて外部に出てしまったためです。手袋素材がゴムやプラスチックなどの高分子素材で構成される以上、化学物質の透過は時間の問題といえます。高価な保護手袋といえども、ある化学物質で8時間以上の透過時間をもつものが、別の化学物質では1分以内で透過してしまうこともありますから、使用化学物質ごとのデータの確認は欠かせません。

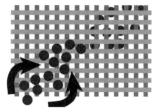

ピンホールや縫い目などの不完全部を化学物質が通過

浸透の原理

化学物質が分子レベルで素材の中を通過

透過の原理

か。安衛則第594条の3においては、化学物質等を製造し、または取り扱う業務に労働者を従事させるときは、保護衣、保護手袋、履物または保護眼鏡等適切な保護具を使用させることが努力義務とされています。不浸透性であることまでは求められないため、皮膚や眼への化学物質の直接接触の防止（素手で触らせないなど）に主眼があると考えられます。

したがって、研究施設のドラフト内で溶液を調製する作業など、フードのすき間からの液滴から保護するために念のため着用する保護衣や保護眼鏡などは、通常の白衣とスペクタクル形の保護眼鏡でよいこともあります。

一方、保護手袋については、SDSをくまなく確認しても皮膚障害に関し何ら記述のない化学物質を除き、軍手でよいということにはならず、万一の付着を念頭に置き、少なくとも溶液が直ちに浸透しない信頼性の高いものとする必要があります。化学物質が常に付着するような作業であるか、飛沫からの保護を想定するのかにもよりますが、少なくとも化学物質の付着により直ちに劣化、溶解するような素材の保護具の使用は避けるべきです。

なお、皮膚障害防止用等の保護具の使用に関しては、対象物質がリスクアセスメント対象物に限定されていないことに留意が必要です。

## ⑽　保護手袋等の素材と性能

作業現場で使用される手袋の材質としては、ゴムとプラスチックがあり、それぞれ多様なものが使われています。

日本産業規格に規定する化学防護手袋の性能として、耐劣化性、耐浸透性、耐透過性の3つに着目する必要があります（**表6・9**）。特に、化学物質による素材の透過は、手袋の内側に達した時点で手指の皮膚の部分に接触して、皮膚からの経皮吸収が始まることになりますが、眼では確認することができない上に、透過までの時間は、素材と化学物質ごとに異なることに留意が必要です。それぞれの試験方法の詳細は、JIS T 8116の附属書に記載されています。

**表6・10**は、比較的安価で、50双から100双単位の箱入りで広く市場に出回っているものを列挙したものです。手を化学物質に浸漬するなど手全体が化学物質に触れる作業や、ウエスで拭き取る等の手のひら全体が化学物質に触れる作業には、多くは向いていません。化学物質への接触が限られる作業にお

表6・9　日本産業規格に規定する化学防護手袋の性能

| 性能 | 記述 | 試験における指標の例 |
|---|---|---|
| 耐劣化性 | 化学物質の接触による素材の物理的変化がないこと | 膨潤、硬化、破穴、分解等 |
| 耐浸透性 | 液状の化学物質による素材への浸透がないこと | ピンホール、縫い目などからの液体の侵入 |
| 耐透過性 | 気体（分子レベル）の化学物質による素材の透過が起こるまでの時間（長いほどよい） | 素材内部を移動して裏面にすり抜けること |

（出典：JIS T 8116附属書）

表6・10　保護手袋の素材 I

| 素　材 | 特　徴 |
|---|---|
| ニトリル | ・安価で頻繁な交換に向いている<br>・密着性がよい<br>・耐油性、耐摩耗性に優れる<br>・厚みに応じて透過性能に幅がある |
| クロロプレン（ネオプレン） | ・強度と柔軟性に優れる<br>・平均的な耐熱性、耐油性、耐酸・耐アルカリ性を有する |
| ニトリル・ネオプレン | ・ニトリルとクロロプレンを二層にしたもの<br>・密着性がよい |
| ニトリル・ポリ塩化ビニル | ・ニトリルとポリ塩化ビニルを二層にしたもの<br>・ポリ塩化ビニルより強度に優れる |
| ポリウレタン | ・耐摩耗性、柔軟性に優れる<br>・耐油性は限定的<br>・透過性能は、物質により大きく異なる |
| 天然ゴム（ラテックス） | ・安価で機械的強度に優れる<br>・炭化水素に溶解する<br>・ラテックスアレルギー（感作性）に注意<br>・食器洗い用などJIS T 8116の試験性能の表示がないものは不適 |
| PVC（ポリ塩化ビニル） | ・強度が弱い<br>・食品衛生用などJIS T 8116の試験性能の表示がないものは不適 |
| PE（ポリエチレン） | ・耐浸透性能をよく確認する<br>・食品衛生用などJIS T 8116の試験性能の表示がないものは不適 |

ける装着を前提としており、化学物質の飛沫がはねて手に触れるなどした場合は、ごく短時間の使用でも交換することを想定しています。使用に先立ち、JIS T 8116に定める試験方法（ASTM F739と同じ）に基づく性能表示を確認する必要があり、性能表示のないものは、作業中に溶解・膨潤したり、ピンホールから化学物質が浸透したり、知らぬうちに透過したりしてしまうおそれがあります。

　一方、**表6・11**は、比較的高価で、1双ごとに包装され、保護具メーカー

表6・11　保護手袋の素材Ⅱ

| 素　材 | 特　徴 |
|---|---|
| PVA（ポリビニルアルコール） | ・有機溶剤に幅広く使える<br>・酸、アルカリに不適<br>・水やアルコールとの接触不可 |
| ブチルゴム | ・ケトン、エステルにも使える<br>・厚手で強度がある<br>・細かい作業には向かない |
| フッ素ゴム | ・塩素化炭化水素、芳香族溶剤にも使える<br>・密着性が低い |
| 多層フィルム<br>LLDPE | ・積層にして耐溶剤性を上げたもの<br>・酸、塩素化炭化水素に耐透過性を示す<br>・フィルム状で装着感が悪い（上にニトリル手袋を装着） |
| 多層フィルム<br>EVOH | ・積層にして耐溶剤性を上げたもの<br>・芳香族アミンに対し耐透過性を示す<br>・フィルム状で装着感が悪い（上にニトリル手袋を装着） |

や代理店から入手する化学防護手袋です。素材ごとに取扱い方法が異なり、防護性能もさまざまです。これらについても、短時間（10分から480分程度）での使い捨てを前提として開発されたものであるため、メーカーが示す性能保証を超えての長時間の使用は、化学物質の透過による経皮吸収による健康障害の原因になることに留意してください。

## ⑾　保護手袋の選択

　全ての化学物質に適合する保護手袋はないこと、対象の化学物質に対して耐劣化性や耐浸透性に優れた保護手袋であっても、耐透過性能については、限られた時間においてのみ有効であることを念頭において選択することが重要です。市場に多くある保護手袋のうちから、適合しない物を除去した上で、残った物から必要な性能を有することを確認するプロセスとなります。

　**図6・13**は、厚生労働省が令和6年2月に公表したリーフレットに記載された望ましい化学防護手袋の選定フローです。ばく露防止措置として使用する保護手袋の選択、使用および保守管理については、保護具着用管理責任者の役割ですが、化学物質管理者もその選定プロセスを承知しておく必要があります。特に、⑻で述べた皮膚等障害化学物質等に対する遵守義務の範囲にあることを確

一度使った保護手袋を、翌日に再利用するなんてことは、決してやっちゃいけないよ。

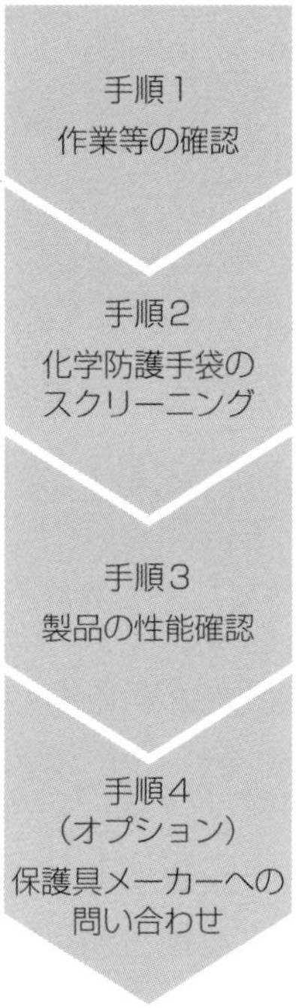

| 手順１<br>作業等の確認 | 手順１（作業等の確認）<br>作業や取扱物質について確認<br>・取扱物質が皮膚等障害化学物質か。<br>・作業内容と時間はどの程度か。 |
| --- | --- |
| 手順２<br>化学防護手袋の<br>スクリーニング | 手順２（化学防護手袋のスクリーニング）<br>化学防護手袋の材料ごとの耐透過性データを確認し、候補を選定<br>・耐透過性能一覧表で取扱物質を確認。<br>・手順１で確認した作業内容・時間を参考に作業分類を確認。<br>・作業パターンに適した耐透過性レベルの材料候補を選定。 |
| 手順３<br>製品の性能確認 | 手順３（手袋製品の性能確認）<br>化学防護手袋の説明書等で製品の具体的な性能を確認<br>・材料名、化学防護手袋をキーワードにインターネットで検索する等して参考情報を確認。<br>・説明書等で規格、材料、耐浸透性能、耐透過性能等に適しているかを確認。ただし、耐透過性能の情報がない場合は耐透過性能一覧表のデータにより選択して差し支えない。 |
| 手順４<br>（オプション）<br>保護具メーカーへの<br>問い合わせ | 手順４（保護具メーカーへの問い合わせ（オプション））<br>保護具メーカーへ必要な製品の情報を確認<br>・必要に応じ、取扱物質、作業内容等を保護具メーカーへ連絡し、化学防護手袋の選定の助言を受ける（必須ではない）。 |

（資料：厚生労働省資料）

**図6・13　化学防護手袋の選定フロー**

認してください。

## ⑿　保護手袋の使用と保守管理

### ア．装着前の点検

　　保護手袋の装着に当たっては、その都度、作業者に、傷、穴あき、亀裂等外観上の異常がないことを確認させてください。運搬、保管時に傷つく可能性があるほか、ゴム素材に気泡が生ずるなど製造時からのピンホールの可能性もあります。保護手袋の内側に空気を吹き込み、穴がないことを確認する方法もありますが、厚手の素材など全てで確認できるわけではありません。

　　手袋のフィット感は、作業性に影響することから、手の大きさに合ったサイズの保護手袋を選定しましょう。なお、天然ゴム素材のものは、まれ

に、ゴムの木の樹液に由来するたんぱく質が原因のラテックスアレルギーを引き起こすことがあるため、試着時に異常がないかどうかを確認します。ラテックスアレルギーは、皮膚だけでなく浮遊素材を吸い込み喘息のような呼吸器症状を引き起こすこともあります。

予備の保護手袋を常時備え付け、適時交換して使用できるようにします。

イ．透過時間（使用可能時間）の確認

あらかじめ調査した透過時間をもとに安全率を見込んで使用可能時間を設定して作業者に周知させ、交換時期を徹底させます。一度使用を開始した保護手袋は作業終了後も素材への化学物質の透過が進行するので、作業を中断している間も使用可能時間に含めてください。特に、作業終了後、翌日の作業に再使用することはできない旨を徹底させてください。

ウ．保護手袋の取外し

保護手袋を脱ぐときは、外面に付着している化学物質が身体に付着しないよう、できるだけ化学物質の付着面が内側になるように裏返すようにして外し、廃棄します。保護手袋の外し方については、作業者全員で手順を共有しておきましょう。手順を動画や写真で見ることができるようにしておくことが、災害を防ぐポイントになります。

汚染された保護手袋は放置せず、他の作業者が触れないよう袋に入れて密封して捨ててください。廃棄に当たっては、使用する化学物質のSDSや関係法令に従います。

エ．袖口の処理

化学物質による労働災害の調査では、化学物質が袖口から侵入したと思われるケースが散見されます。必要に応じ袖口を不浸透性のテープで止める等の対応が必要です。腕を肩より上に上げて行う洗浄作業など、化学物質が袖口から侵入することがあらかじめ想定される作業では、必要に応じて、専用の袖口用器具を用いる、手袋一体型化学防護服を選択するなども考慮します。

オ．保護手袋の保守管理

未使用の保護手袋を保管する際は、直射日光や高温多湿を避け、冷暗所に保管します。PVA素材の保護手袋は、空気中の水分に触れて表面が劣

化するので、使用直前まで開封してはいけません。

### ⒀　化学防護服

　化学防護服は、酸、アルカリ、有機溶剤その他のガス状、液体状または粒子状の化学物質を取り扱う作業において、化学物質が作業者の皮膚に直接接触することによる健康障害を防止するために使用します（**図6・14**）。

　化学防護服には、内部を気密に保つ構造の気密服（タイプ１）、外部から呼吸用空気を取り入れ内部を陽圧に保つ構造の陽圧服（タイプ２）や、液体防護用密閉服（タイプ３）や浮遊固体粉じん防護用密閉服（タイプ５）などがあります（**表6・12**）。タイプ５の浮遊固体粉じん防護用密閉服は、浮遊固体粉じんから防護するもので、通気性、透湿性が良い特徴があり、液体化学物質の防護には適さないことがあります。市販されている化学防護服は、２つ以上のタイプに対応可能なものが多くなっています。

　なお、タイプ３など蒸気を透過しない機能は、通気性、透湿性を犠牲にしており、体熱の放散がしづらく熱中症リスクが高くなることにもつながります。このため、熱中症予防対策として実施する暑さ指数（WBGT値）による労働衛生管理においては、相当の着衣補正値を見込むことが必要です（**表6・13**）。

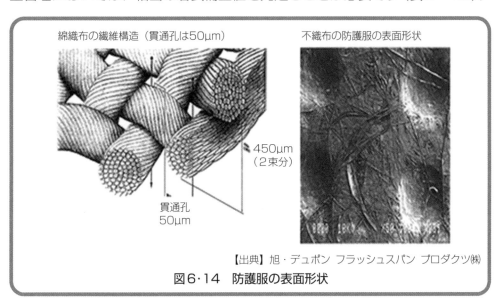

綿織布の繊維構造（貫通孔は50μm）　　不織布の防護服の表面形状

450μm
（2束分）

貫通孔
50μm

【出典】旭・デュポン　フラッシュスパン　プロダクツ㈱

**図6・14　防護服の表面形状**

## 表6・12　JIS T 8115に規定する全身化学防護服の種類

| タイプ1 | 気密服 | 自給式呼吸器等を服内/服外に装着する気密服 |
|---|---|---|
| タイプ2 | 陽圧服 | 外部から服内部を陽圧に保つ呼吸用空気を取り入れる構造の非気密形全身化学防護服 |
| タイプ3 | 液体防護用密閉服 | 液体化学物質から着用者を防護するための全身化学防護服。所要の耐液体浸透性をもつもの |
| タイプ4 | スプレー防護用密閉服 | スプレー状液体化学物質から着用者を防護するための全身化学防護服。所要の耐スプレー状液体化学物質浸透性をもつもの |
| タイプ5 | 浮遊固体粉じん防護用密閉服 | 浮遊固体粉じんから着用者を防護するための全身化学防護服 |
| タイプ6 | ミスト防護用密閉服 | ミスト状液体化学物質から着用者を防護するための全身化学防護服 |

## 表6・13　衣類の組合せによりWBGT値に加えるべき着衣補正値（℃ -WBGT）

| 組合せ | WBGT値に加えるべき着衣補正値（℃ -WBGT） |
|---|---|
| 作業服 | 0 |
| つなぎ服 | 0 |
| 単層のポリオレフィン不織布製つなぎ服 | 2 |
| 単層のSMS不織布製のつなぎ服 | 0 |
| 織物の衣服を二重に着用した場合 | 3 |
| つなぎ服の上に長袖ロング丈の不透湿性エプロンを着用した場合 | 4 |
| フードなしの単層の不透湿つなぎ服 | 10 |
| フードつき単層の不透湿つなぎ服 | 11 |
| 服の上に着たフードなし不透湿性のつなぎ服 | 12 |
| フード | +1 |

※1：透湿抵抗が高い衣服では、相対湿度に依存する。着衣補正値は起こりうる最も高い値を示す。
※2：SMSはスパンボンド-メルトブローン-スパンボンドの3層構造からなる不織布である。
※3：ポリオレフィンは、ポリエチレン、ポリプロピレンならびにその共重合体などの総称である。
（出典：厚生労働省「熱中症予防対策要綱」）

WBGT基準値に照らして評価し、必要に応じて休憩時間を長めに確保してください。

　また、これら全身化学防護服とは別に、化学防護服の素材を用いたガウンやエプロンなどの部分化学防護服もあります。全身化学防護服は、装着者への負担が大きく、作業性への影響もあることから、化学物質のばく露実態に応じて、部分化学防護服の選定も検討します。

### ⒁　保護眼鏡

　化学物質を取り扱う作業において、浮遊粉じん、飛沫、飛来物などから作業者の眼や顔を保護するため、保護眼鏡等を使用します。

　保護眼鏡には、ゴグル形（あらゆる角度から発生する飛来物などから眼を保護する）とスペクタクル形（いわゆるメガネタイプ。正面からの飛来物などから眼を保護する。サイドシールド付きは正面および側面からの飛来物などから眼を保護する）があります。顔面を保護するためには顔面保護具（防災面）も使用可能です。

　化学物質のガスや蒸気から作業者の眼や顔面を保護する必要がある場合は、取り扱う化学物質に対して有効で、全面形面体、フェイスシールドまたはフードを有する呼吸用保護具を使用する必要があります。

　選択に当たっては、作業者の顔にあったものとするとともに、他の保護具との干渉を考慮し、作業への支障がないようにします。作業者が眼鏡使用者である場合は、眼鏡の上から装着することができる保護眼鏡も用意されています。

　作業者がコンタクトレンズを使用していると、化学物質の飛沫が眼に入ったときに重篤な障害を引き起こすおそれがあるので、あらかじめ作業者に対して注意喚起をしましょう。

## ２．リスクアセスメント対象物健康診断

### ⑴　リスクアセスメント対象物健康診断とその結果に基づく措置等

○化学物質に特化した健康診断の必要性を判断しよう
　　＜必ず行うわけではない＞
【関係する法令】安衛則第577条の２、特化則、有機則など
次に該当する場合は、実施する必要がある。
●特化則、有機則などで特殊健康診断の定めがある物質（個別規制）
　　⇒特殊健康診断を実施する
●リスクアセスメントの結果に基づき、関係労働者の意見を聴き、必要があると認めるとき　⇒事業者の判断により第３項健診を実施する
●濃度基準値を超えてばく露されたおそれがある
　　（床にこぼして大量ばく露されたなど）　⇒第４項健診を実施する（必須）

○リスクアセスメント健康診断の項目
 ●ガイドラインを参考に、医師等が認める項目について行う。
○リスクアセスメント対象物健康診断を実施したときは
 ●健診結果に基づき必要な措置を講ずる
 ●対象労働者に結果を通知する
 ●個人票を作成し、5年間保存する（がん原性物質については別の定め）

　特別則における健康管理では、常時作業に従事する労働者に対して、雇入時等の際およびその後定期に、特殊健康診断の実施が義務付けられています。一方、安衛則に規定するリスクアセスメント対象物については、ばく露を最小限度とすること、一部の物質については労働者のばく露の程度を濃度基準値以下とすることなどが定められているので、ばく露防止対策が適切に実施され、労働者の健康障害発生リスクが許容される範囲を超えないと判断されれば、基本的にリスクアセスメント対象物健康診断を実施する必要はありません。

　ここでは、リスクアセスメント対象物健康診断の実施が必要となる場合とその対応など、事業者が知っておくべき事項について説明します。なお、特別則に基づき実施する特殊健康診断、および安衛則第48条に基づき実施する歯科健康診断の対象物質については、重複して実施する必要はありません。

　ア．リスクアセスメント対象物健康診断の種類と目的

　　リスクアセスメント対象物健康診断は、リスクの程度に応じて健康診断の実施の要否を事業者が判断するしくみです。また、リスクアセスメント対象物健康診断の項目についても、特殊健康診断のように法令で一律に規定されたものではなく、「リスクアセスメント対象物健康診断に関するガイドライン」（令和5年10月17日付け基発1017第1号。以下「健診ガイドライン」という）等を踏まえて医師または歯科医師が必要と認めるものを事業者が実施します。

　　事業者は、リスクアセスメント対象物を製造し、または取り扱う業務に常時従事する労働者に対し、リスクアセスメントの結果に基づき、関係労働者の意見を聴き、必要があると認めるときは、リスクアセスメント対象物健康診断を行う必要があります（安衛則第577条の2第3項）。また、濃度基準値が設定されたリスクアセスメント対象物については、濃度基準

様式第24号の２（第577条の２関係）(表面)

## リスクアセスメント対象物健康診断個人票

| 氏　名 | | 生 年 月 日 | 月 | 年日 | 雇入年月日 | 月 | 年日 |
|---|---|---|---|---|---|---|---|
| | | 性　　別 | 男・女 | | | | |
| 製造し、又は取り扱うリスクアセスメント対象物の名称 | | | | | | | |

| 医師又は歯科医師による健康診断 | 健 康 診 断 実 施 者 | | 医師 ・ 歯科医師 | | | |
|---|---|---|---|---|---|---|
| | 健　診　年　月　日 | 月 年日 | 月 年日 | 月 年日 | 月 年日 | |
| | 健　診　の　種　別 | （第　項） | （第　項） | （第　項） | （第　項） | |
| | 医師又は歯科医師が必要と認める項目 | | | | | |
| | | | | | | |
| | | | | | | |
| | | | | | | |
| | | | | | | |
| | | | | | | |
| | 医師又は歯科医師の診断 | | | | | |
| | 健康診断を実施した医師又は歯科医師の氏名 | | | | | |
| | 医師又は歯科医師の意見 | | | | | |
| | 意見を述べた医師又は歯科医師の氏名 | | | | | |
| | 備　　　考 | | | | | |

**図6・15　リスクアセスメント対象物健康診断個人票**（安衛則様式第24号の2）

安衛則様式第24号の2（第577条の2関係）（裏面）

[備考]
1　記載すべき事項のない欄又は記入枠は、空欄のままとすること。
2　「健康診断実施者」の欄中、「医師」又は「歯科医師」のうち、該当しない文字を抹消すること。
3　「健診の種別」の欄の「（第　項）」内には、労働安全衛生規則第577条の2第3項の健康診断（リスクアセスメントの結果に基づき、関係労働者の意見を聴き、必要があると認めるときに行う健康診断）を実施した場合は「3」を、同条第4項の健康診断（厚生労働大臣が定める濃度の基準を超えてリスクアセスメント対象物にばく露したおそれがあるときに行う健康診断）を実施した場合は「4」を記入すること。
4　「医師又は歯科医師が必要と認める項目」の欄は、リスクアセスメント対象物ごとに医師又は歯科医師が必要と判断した検診又は検査等の名称及び結果を記入すること。
5　「医師又は歯科医師の診断」の欄は、異常なし、要精密検査、要治療等の医師又は歯科医師の診断を記入すること。
6　「医師又は歯科医師の意見」の欄は、健康診断の結果、異常の所見があると診断された場合に、就業上の措置について医師又は歯科医師の意見を記入すること。

**図6·15　リスクアセスメント対象物健康診断個人票（続き）**

値を超えてばく露されたおそれがあるときは、速やかに、その労働者に対する健康診断を実施しなければなりません（同条第4項）。これらの規定は、令和6年4月1日から施行されています。

　これらは特別則における雇入れ時等および定期の特殊健康診断や、緊急診断に相当するものと考えられ、健診ガイドラインではそれぞれ第3項健診、第4項健診として、目的や実施の要否などの考え方を示しています（図6・16）。

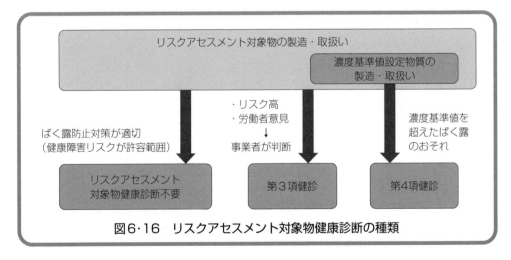

**図6·16　リスクアセスメント対象物健康診断の種類**

表6・14　第３項健診の実施の要否の判定で勘案すべき状況

| 勘案すべき状況 | 補足説明 |
|---|---|
| 化学物質の有害性及びその程度 | ・ラベル、SDSから把握 |
| ばく露の程度や取扱量 | ・呼吸域濃度<br>・呼吸用保護具の内側の濃度 |
| 労働者のばく露履歴 | ・作業期間、作業頻度、ばく露に係る作業時間 |
| 作業の負荷の程度 | |
| 工学的措置の実施状況 | ・局所排気装置が正常に稼働しているか等 |
| 呼吸用保護具の使用状況 | ・要求防護係数による選択状況<br>・フィットテストの実施状況 |
| 化学物質の取扱方法 | ・皮膚等障害化学物質等について、保護具の使用状況、直接接触のおそれや頻度 |

### イ．第３項健診

(ア)　実施の要否の判定、対象者の選定

　　第３項健診の実施の要否の判定は、**表6・14**に示す状況を勘案して、労働者の健康障害リスクが許容できる範囲を超えるか否かを検討します。また、次のいずれかに該当する場合は、第３項健診を実施することが望ましいとされています。

・濃度基準値の設定がある物質について、濃度基準値告示に定める努力義務（例えば、８時間濃度基準値を超える短時間ばく露が１日に５回以上あるなど）事項に該当する場合

・工学的措置や保護具でのばく露の制御が不十分と判断される場合

・濃度基準値がない物質について、漏洩事故等により大量ばく露した場合

・リスク低減措置が適切に講じられているにもかかわらず、何らかの健康障害が顕在化した場合

　　濃度基準値告示に定める努力義務については、本章１．の(4)を参照してください。

　　また、第３項健診の実施の要否に当たっては、労働者のばく露の状況や、リスクアセスメントの結果に基づき講じた工学的措置や保護具によるばく露防止対策などのリスク低減措置が適切に講じられていることが前提となります。このため、１年を超えない期間ごとに１回、定期的に

記録を作成する際に、これらが適正になされているかを確認し、第3項健診の実施の要否を判断すべきです。

　なお、すでに製造し、または取り扱っていた物質がリスクアセスメント対象物として新たに追加された場合など、リスクアセスメント対象物を製造し、取り扱う業務について過去にリスクアセスメントを実施したことがない事例も考えられます（リスクアセスメント指針の5の(2)でリスクアセスメントを行うよう努めることとされている）。この場合は、令和7年3月31日までにリスクアセスメントを実施し、第3項健診の要否を判断することが望まれます。

　対象者の選定は、個人ごとに健康障害発生リスクを評価し、個人ごとに健康診断の実施の要否を判断することが原則ですが、同様の作業を行っている労働者についてまとめて評価・判断することも可能とされています。また、漏洩事故等によるばく露の場合、ばく露された労働者のみを対象者とします。

(イ)　実施時期、実施頻度
　　第3項健診の実施時期は、(ア)で健診が必要と判断されたときです。
　　実施頻度は、産業医または医師等の意見に基づき事業者が判断するとされており、急性の健康障害発生リスク、発がんに関する健康障害発生リスク、その他の3つに分け、実施頻度を例示しました（**表6・15**）。

(ウ)　検査項目
　　検査項目は、医師等が必要と認める項目です。具体的な検査項目の設定に当たっては、参考として**表6・16**のような検査項目が示されています。

ウ．第4項健診
(ア)　実施の要否の判定、対象者の選定
　　第4項健診は、濃度基準値が設定された物質に対する健康診断です。労働者が濃度基準値を超えてばく露されたおそれがある次のような場合に、速やかに健診を実施します。
　　・工学的措置が適切に実施されていないことが判明した場合
　　・必要な呼吸用保護具を使用していないことが判明した場合

表6・15　第３項健康診断の実施頻度の例

| 健康障害発生リスク | 実施頻度の例 |
|---|---|
| 次の**急性の健康障害発生リスク**が許容される範囲を超えると判断された場合<br>・皮膚腐食性/刺激性<br>・眼に対する重篤な損傷性/眼刺激性<br>・呼吸器感作性<br>・皮膚感作性<br>・特定標的臓器毒性（単回ばく露） | 6か月以内ごと |
| **がん原性物質**またはGHS分類の発がん性の区分が**区分１**の化学物質にばく露し、健康障害発生リスクが許容される範囲を超えると判断された場合 | 1年以内ごと |
| その他の健康障害発生リスクが許容される範囲を超えると判断された場合<br>（歯科領域の健康障害を含む） | 3年以内ごと |

表6・16　第３項健康診断の検査項目

| 分　　類 | 検査項目 |
|---|---|
| ①　実施 | ・業務歴の調査<br>・作業条件の簡易な調査等によるばく露の評価<br>・自他覚症状の有無の検査 |
| ②　必要に応じて実施 | 標的とする健康影響に関するスクリーニングに係る検査 |
| ③　歯科領域の検査が必要 | 歯科医師による問診および歯牙・口腔内の視診 |

・呼吸用保護具の使用方法が不適切で要求防護係数が満たされていないと考えられる場合

・工学的措置や呼吸用保護具でのばく露の制御が不十分な状況が生じていることが判明した場合

・漏洩事故等により、濃度基準値がある物質に大量ばく露された場合

対象者の選定については、第３項健診と同じです。

(イ)　実施時期

　　第４項健診は、濃度基準値を超えるばく露のおそれが生じた時点で、速やかに行います。実際には、健康診断実施機関等との調整により合理的に実施可能な範囲で行うことになるでしょう。また、濃度基準値以下となるよう有効なリスク低減措置を講ずることは当然として、急性以外の健康障害のおそれについても考慮する必要があります。がんなどの遅発性健康障害などの懸念がないかなど、産業医等の意見を踏まえ、必要に応じて、必要な期間、継続的に健康診断を実施することも検討してください。

(ウ)　検査項目

　　濃度基準値のうち、８時間濃度基準値は、長期的な健康影響の防止を念頭に置いた値です。８時間濃度基準値を超えてばく露した場合で、直

表6・17　第4項健康診断の検査項目

| 分　　類 | 検査項目 |
|---|---|
| ①　実施 | ・業務歴の調査<br>・作業条件の簡易な調査等によるばく露の評価<br>・自他覚症状の有無の検査 |
| ②　状況により実施 | ・ばく露の程度を評価するための生物学的モニタリング（有効な場合）<br>・標的影響のスクリーニング（急性以外の標的影響が懸念される場合） |
| ③　歯科領域の検査が必要 | 歯科医師による問診および歯牙・口腔内の視診 |

ちに健康影響が発生している可能性が低いと考えられる場合は、①の検査項目を実施します（**表6・17**）。

エ．配置前の健康診断等

　リスクアセスメント対象物健康診断には含まれていませんが、（全ての労働者に対して実施する）一般健康診断の検査項目としての自他覚症状の有無の検査等を活用して、配置前の健康状態を把握することは有意義です。

　遅発性の健康障害が懸念される場合には、望ましいのは、配置転換後であっても、必要に応じて、医師等の判断に基づき定期的に健康診断を実施することです。

オ．その他

　㋐　リスクアセスメント対象物健康診断の対象とならない労働者については、一般定期健康診断として実施する業務歴の調査や自他覚症状の有無の検査を活用することが望ましいとされています。

　㋑　リスクアセスメント対象物健康診断の費用については、事業者が負担し、派遣労働者については派遣先事業者において負担します。これらは、特別則に基づく特殊健康診断と同様の取扱いとなります。

第7章　**クリエイト・シンプルを
使ってみよう**
**〜エクセルに作業状況を入れるだけ〜**

## 1．クリエイト・シンプルとは

　クリエイト・シンプルは、リスクアセスメントを行うための簡易ツールの1
つです。エクセルシート上で、取り扱う化学物質を決めて、取扱量、作業方法、
換気装置といった作業条件を、選択肢の中からプルダウンメニューで選ぶこと
により、作業の実情を踏まえたリスクレベルを簡単に見積もってくれます。ま
た、空気中の有害物の濃度レベルについても、8時間のばく露推定値として算
出してくれます。新しいバージョンのものを使えば、短時間のばく露推定値も
算出されます。

## 2．クリエイト・シンプルによるリスクの判定

　クリエイト・シンプルは、厚生労働省のWEBサイト「職場のあんぜんサイト」
から無料でダウンロードしてすぐに使えます。入手方法は、後ほど紹介します。
　必要なものは、対象となる化学物質のSDS（安全データシート）と、事業場
で行っている作業の作業条件です。以下は、クリエイト・シンプルver.3.0に
ついての説明です。

### (1)　必要な情報の準備

　まずは、事業場で取り扱う化学品ごとに、SDSを準備しましょう。SDSは、
化学品の譲渡・提供を受ける際に、その譲渡・提供元から交付されます。化学
品が混合物の場合は、主要な単一成分についてのSDSもあると便利です。単

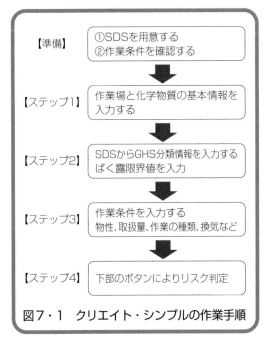

図7・1　クリエイト・シンプルの作業手順

【準備】
①SDSを用意する
②作業条件を確認する

【ステップ1】
作業場と化学物質の基本情報を入力する

【ステップ2】
SDSからGHS分類情報を入力する
ばく露限界値を入力

【ステップ3】
作業条件を入力する
物性、取扱量、作業の種類、換気など

【ステップ4】
下部のボタンによりリスク判定

一成分についてのSDSは、「職場のあんぜんサイト」（厚生労働省）にモデルSDSとして掲載されています。

次に、対象となる作業の実施状況に関する情報、例えば、作業標準、作業手順書、機械設備に関する情報なども準備します。これらは、事業場に固有の状況です。さしあたりは、以下に説明する入力に必要な情報を収集すれば足りますが、改善措置を検討する上でさらなる情報が必要となる場合があります。

クリエイト・シンプルのエクセルシートは、5種類のシートから構成されています。次に示す順序でリスクアセスメントシートに入力し、リスクの判定をした上で、実施レポートシートに出力します（**図7・2**）。

## (2)　基本情報の入力【ステップ1】

ステップ1では、対象化学品の基本情報を入力します（**図7・3**）。

「タイトル」、「実施場所」、「製品ID等」、「製品名等」、「作業内容等」については、リスクアセスメントにおける計算に影響しませんが、記録保存のための実施レポートにそのまま表示されます。数多くの化学品のリスクアセスメントを行って、取り違えが起こらないよう、基本情報を正しく入力しておきましょう。

「リスクアセスメント対象」については、吸入ばく露、経皮吸収、危険性（爆発・火災）のいずれを調査するのかを選択します。経皮吸収を調査するには、手袋の着用状況に関する情報が必要ですし、爆発・火災を調査するためには、取扱温度や着火源除去対策の情報について入力を求められます。

化学品の「性状」の選択は、特に注意しましょう。水溶液は、「液体」を選択します。揮発性液体などから発生する蒸気による吸入ばく露を問題とする場合

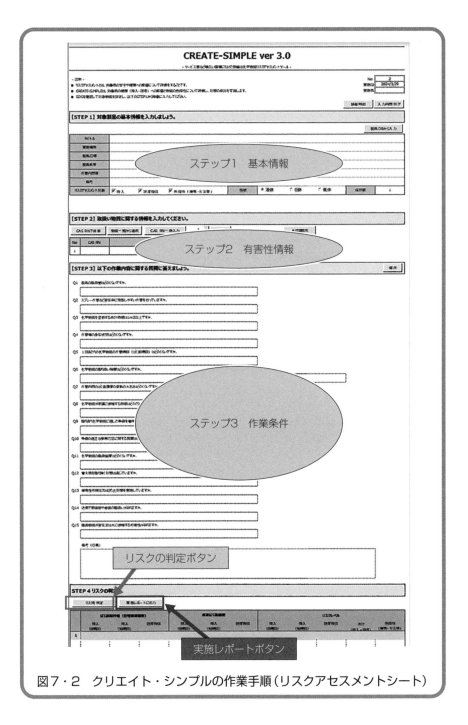

図7・2　クリエイト・シンプルの作業手順（リスクアセスメントシート）

（資料：厚生労働省「クリエイト・シンプルを用いた化学物質のリスクアセスメントマニュアル」2024年）

**図7・3　ステップ1　基本情報の入力**

でも、「液体」を選択してください。誤って「気体」とすると、ボンベから発生するガスと同様に取り扱われ、漏えい時等の危険性のチェックしか行われません。

### (3)　有害性情報の入力：自動入力【ステップ2】

次に化学品の有害性情報などを入力します。

SDSの「3．組成及び成分情報」などから、CAS番号を見つけて入力しましょう（**図7・4**）。混合物については、製品そのもの（混合物）に対するCAS番号が示されている場合と、製品の主要成分についてのCAS番号が個々に示されている場合とがあります。

SDSの「9．物理的及び化学的性質」についても目を通しておきましょう。沸点をみると、常温で液体なのか気体なのかがわかります。スプレー缶の成分などでは、ガスも含まれていることがありますが、クリエイト・シンプルで有害性の調査をするときは除外しましょう。

（資料：厚生労働省「クリエイト・シンプルを用いた化学物質のリスクアセスメントマニュアル」2024年）

**図７・４　ステップ２　有害性情報の自動入力（CAS番号がある場合）**

　右端に、含有率を選択する欄があるので、忘れずに入力しておきます。

## ⑷　有害性情報の入力：手動入力【ステップ２】

　CAS番号が見つからない場合は、ばく露限界値やSDSに記載されたGHS分類の区分などを個々に入力します（**図７・５**）。「編集」のボタンをクリックすると、詳細情報を入力する画面が開きます。

　ばく露限界値は、特に注意して入力します。濃度基準値が設定された物質については濃度基準値を、それ以外の物質については、可能な限り、ACGIHのTLV、DFGのMAKなどを調べて入力しましょう。ばく露限界値が空欄の場合は、入力したGHS分類の区分をもとに管理目標濃度が（ばく露限界値と比べて厳しめに）計算され、リスクの判定が行われることになります。

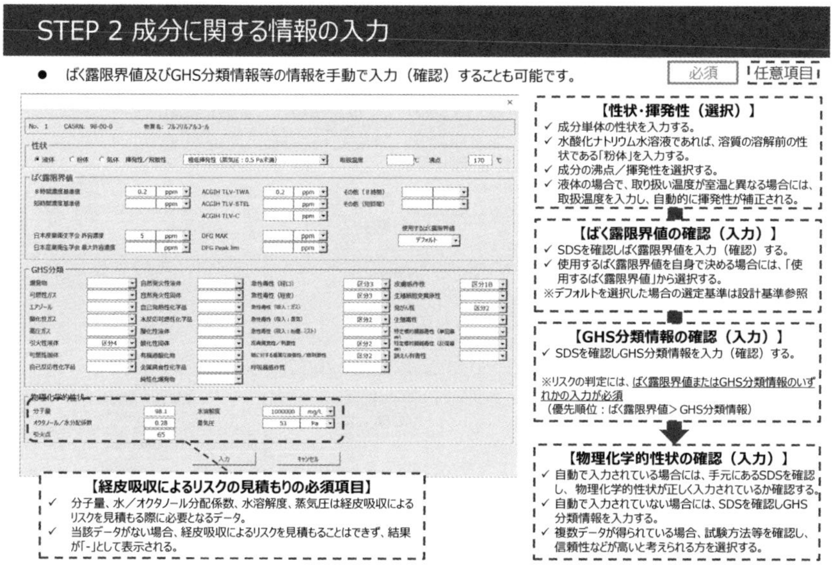

（資料：厚生労働省「クリエイト・シンプルを用いた化学物質のリスクアセスメントマニュアル」2024年）

**図7・5　ステップ2　有害性情報の自動入力（CAS番号がない場合）**

## ⑸　作業状況の入力【ステップ3】

物質情報、作業状況等の入力をします（**図7・6～図7・9**）。

### ア．吸入ばく露関係

Q1．製品の取扱量はどのくらいですか。

Q2．スプレー作業など空気中に飛散しやすい作業を行っていますか？

　　　スプレー作業、ミストが発生する作業のほか、粉体塗装作業やグラインダーを用いた研磨作業は、ばく露が増加する要因となります。

Q3．化学物質を塗布する合計面積は1㎡以上ですか。

　　　壁面など塗布面積が広いと、ばく露が増加します。1つひとつが小さく塗布面積がわずかでも、数が多いと塗布面積の合計が広いことがあります。

Q4．作業場の換気はどのくらいですか。

　　　分類に迷ったら、**表7・1**を参考にしてください。

Q5．1日あたりの化学物質の作業時間（ばく露時間）はどのくらいですか。

Q6. 化学物質の取扱い頻度はどのくらいですか。

　週１回以上：右欄で週当たりの取扱い日数を記載します。

　週１回未満：右欄で月当たりの取扱い日数を記載します。

　週当たり作業

**表7・1　換気レベル選択の参考事例**

| 換気レベル | 事例 |
|---|---|
| 全体換気 | ・窓やドアが開いている部屋<br>・小型換気扇を稼働している部屋<br>・全体空調のあるビルの一室 |
| 工業的な全体換気 | ・全体換気装置のある工場内<br>・屋外作業 |
| 局所排気装置（外付け式） | ・吸引フード付きの局所排気装置<br>・プッシュプル型換気装置 |
| 局所排気装置（囲い式） | ・発散源が囲いの中にあるもの<br>・実験室のドラフトチャンバー内作業 |
| 密閉容器内での取扱い | ・負圧にした密閉設備<br>・グローブボックスでの作業 |

注）局所排気装置については、制御風速の確認状況も選択する

時間が４時間以下の場合、40時間を超える場合、１日８時間を超える作業が週３日以上の場合などに、補正されます。

Q7. 作業内容のばく露濃度の変動の大きさはどのくらいですか。

　次に該当する場合は、「ばく露濃度の変動が大きい作業」に該当します。

　・化学品の投入・計量、手作業による洗浄作業（性能等が確認された局所排気装置を設置・稼働している場合を除く）

　短時間ばく露濃度の算出に影響します。

**イ．皮膚吸収関係**

　ステップ１で「経皮吸収」にチェックを入れた場合に対象となります。

Q8. 化学物質が皮膚に接触する面積はどれぐらいですか。

Q9. 取り扱う化学物質に適した手袋を着用していますか。

　「耐透過性・耐浸透性の手袋を着用している」場合に限り防護されます。安衛則第594条の２や関係通達、その他の関係資料を参考に、保護具着用管理責任者が判断します。

Q10. 手袋の適正な使用方法に関する教育は行っていますか。

　防護率が80〜95％の間で補正されます。教育・訓練の状況は、保護具着用管理責任者が判断します。

ウ．爆発・火災関係

ステップ1で「危険性（爆発・火災等）」にチェックを入れた場合に対象となります。

Q11．化学物質の取扱い温度はどのくらいですか。

Q12．着火源を取り除く対策は講じていますか。

   1）  次のような静電気対策が考えられます。

     ・帯電防止の衣服・靴などを着用している

     ・床の導電性は確保している（絶縁シート上での作業は帯電につながる）

     ・作業場の湿度は低くし過ぎていない（30％以下は危険）

     ・化学物質の配管内などでの流速（移送速度）は大きくし過ぎていない

     ・化学物質が流動・移動（混合や混錬を含む）する箇所はアースをとっている

   2）  近傍に裸火や高温部は存在しない

   3）  金属同士の接触など火花が生じるおそれのある作業は行っていない

   4）  取り扱う化学物質に摩擦や強い衝撃を与えるおそれはない

Q13．爆発性雰囲気形成防止対策を実施していますか。

   ガス・蒸気の場合と粉じんの場合とに分けて検討します。クリエイト・シンプルのマニュアルでは、対策の詳細は、労働安全衛生総合研究所の技術資料を参照することとされています。

Q14．近傍で有機物や金属の取扱いがありますか。

Q15．取扱物質が空気又は水に接触する可能性がありますか。

回答窓をクリックすると、右側に▼ボタンが出てくるから、それをクリックして展開されるプルダウンメニューの選択肢の中から回答を選択するのよ。

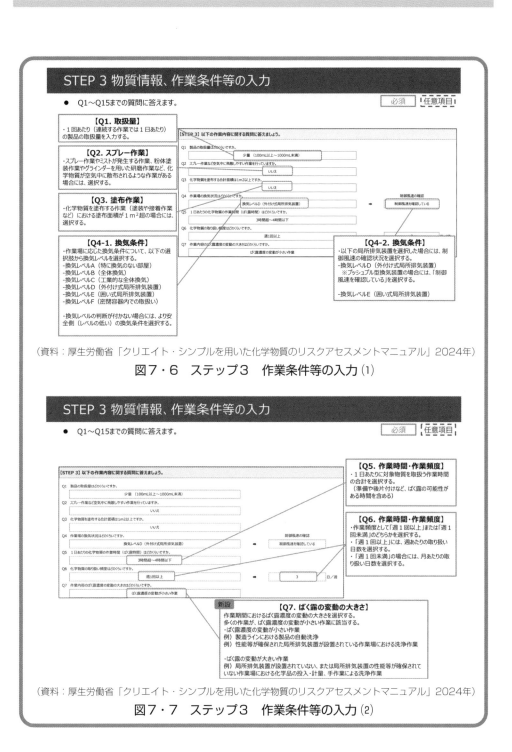

（資料：厚生労働省「クリエイト・シンプルを用いた化学物質のリスクアセスメントマニュアル」2024年）

**図7・6　ステップ3　作業条件等の入力⑴**

（資料：厚生労働省「クリエイト・シンプルを用いた化学物質のリスクアセスメントマニュアル」2024年）

**図7・7　ステップ3　作業条件等の入力⑵**

STEP 3 物質情報、作業条件等の入力

● Q1～Q15までの質問に答えます。　　　　　　　　　　　　　必須　任意項目

【接触面積】
・作業中に化学物質の飛沫などが接触すると考えられる部位などを選択する。
・大きなコインのサイズ、小さな飛沫
-片手の手のひら付着
-両手の手のひらに付着
-両手全体に付着
-両手及び手首
-両手の肘から下全体
・判断が付かない場合には、より安全側（より大きな接触面積）を選択する。

Q8　化学物質が皮膚に接触する面積はどれぐらいですか。
　　　　　両手の手のひらに付着

Q9　取り扱う化学物質に適した手袋を着用していますか。
　　　　　取扱物質に関する情報のない手袋を使用している

Q10　手袋の適正な使用方法に関する教育は行っていますか。
　　　　　教育や訓練を行っていない

【手袋の着用状況①】
・手袋の着用状況と手袋の素材について選択する。手袋を着用していても、取扱物質の特性などに応じた手袋を着用していない場合（取扱物質に関する情報のない手袋を使用している場合）効果が十分でないため、着用していないと同等であるとCREATE-SIMPLEでは計算している。
-手袋を着用していない
-取扱物質に関する情報のない手袋を使用している
-耐透過性・耐浸透性の手袋の着用している

【手袋の着用状況②】
・手袋の着用に係る教育の実施状況を選択する。
-教育や訓練を行っていない
-基本的な教育や訓練を行っている
-十分な教育や訓練を行っている

ここで、十分な教育や訓練とは、保護具着用管理責任者を指名のうえ、耐透過性や耐浸透性、廃棄方法などに関する教育を再教育を含め行っていることなどを指している。

（資料：厚生労働省「クリエイト・シンプルを用いた化学物質のリスクアセスメントマニュアル」2024年）

**図7・8　ステップ3　作業条件等の入力(3)**

STEP 3 物質情報、作業条件等の入力

● Q1～Q15までの質問に答えます。　　　　　　　　　　　　　必須　任意項目

【取扱温度】
・化学物質を取扱う作業時の温度を選択する。室温よりも高い温度で作業する場合、「室温以上」を選択し、右側に取扱温度を入力する。

【着火源の有無】
・着火源となりうる裸火や静電気などを取り除く対策が取れている場合（着火源がない場合）、「はい」を選択する。
着火源を取り除く対策は次ページ参照。

新設【爆発性雰囲気形成防止対策】
・爆発性雰囲気形成防止対策（漏洩防止、放出の管理、換気等）がとられている場合、「はい」を選択する。
爆発性雰囲気形成防止対策は次々ページ参照。

【有機物・金属の取扱状況】
・化学物質を取扱う作業時に、近傍で有機物や金属を取扱っている場合、「はい」を選択する。

【空気や水との接触状況】
・化学物質を、開放状態で取扱う、近傍で水を用いた作業を行っている場合「はい」を選択する。

Q11　化学物質の取扱温度はどのくらいですか。
　　　　　室温

Q12　着火源を取り除く対策は講じていますか。
　　　　　いいえ

Q13　爆発性雰囲気形成防止対策は実施していますか。
　　　　　いいえ

Q14　近傍で有機物や金属の取扱いがありますか。
　　　　　いいえ

Q15　取扱物質が空気又は水に接触する可能性がありますか。
　　　　　いいえ

（資料：厚生労働省「クリエイト・シンプルを用いた化学物質のリスクアセスメントマニュアル」2024年）

**図7・9　ステップ3　作業条件等の入力(4)**

## ３．リスク判定と結果の取扱い

### ⑴ リスク判定から実施レポートへの転送まで

　リスク判定を行ったら、リスク判定ボタンのすぐ右にある実施レポートのボタンを押します（**図7・10**）。エクセルシートの「実施レポート」タブに情報が転送されるので、内容を確認し、改善措置を検討しましょう。

　リスク判定結果には、推定ばく露濃度が示されます。ここでは、まだ、呼吸用保護具の使用によるばく露低減策は含まれていないことに注意しましょう。濃度基準値が設定された物質について、屋内作業において濃度基準値以下であることを確認するためには、まず、呼吸用保護具を使用しないと仮定した場合の（すなわち呼吸域における）推定ばく露濃度が、濃度基準値の２分の１を上回らないかどうかを確認しましょう。濃度基準値の２分の１を上回る場合は、技術上の指針に基づき、確認測定を実施する必要があります。

### ⑵ リスク低減対策の検討

　実施レポートに転送された情報を活用して、リスク低減対策の検討をすることができます（**図7・11**、**図7・12**）。

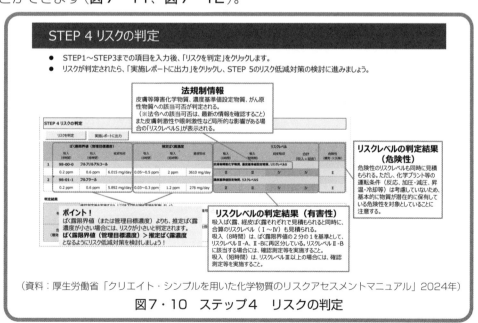

（資料：厚生労働省「クリエイト・シンプルを用いた化学物質のリスクアセスメントマニュアル」2024年）

**図7・10　ステップ４　リスクの判定**

## STEP 5 リスク低減措置の内容検討支援

- 「実施レポートに出力」をクリックすることで、各質問項目やばく露濃度、経皮吸収量の推定値、リスクレベルなどが転記されます。
- Q1～Q15の選択肢を変更し、【再度リスクを判定】をクリックすることによって、リスク低減対策後の結果が表示されます。

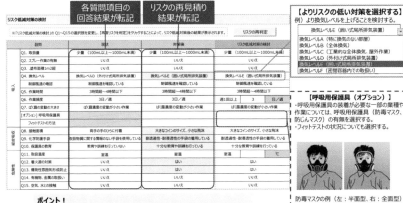

（資料：厚生労働省「クリエイト・シンプルを用いた化学物質のリスクアセスメントマニュアル」2024年）

### 図7・11 ステップ5 リスク低減措置の内容検討支援 (1)

## STEP 5 リスク低減措置の内容検討支援

- 「実施レポートに出力」をクリックすることで、各質問項目やばく露濃度、経皮吸収量の推定値、リスクレベルなどが転記されます。
- Q1～Q15の選択肢を変更し、【再度リスクを判定】をクリックすることによって、リスク低減対策後の結果が表示されます。

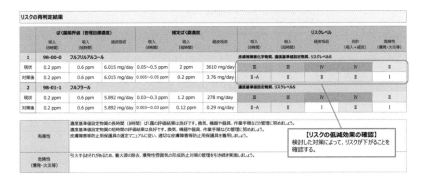

（資料：厚生労働省「クリエイト・シンプルを用いた化学物質のリスクアセスメントマニュアル」2024年）

### 図7・12 ステップ5 リスク低減措置の内容検討支援 (2)

### (3) 呼吸用保護具の使用

　呼吸用保護具は、労働者の化学物質へのばく露の程度を低減するのに効果的です。新しいバージョンでは、初回のリスク判定では、呼吸用保護具を使用しないと仮定して結果が示されますが、(2)のリスク低減対策の検討においては、呼吸用保護具の使用も含めてリスク判定をすることができます。呼吸用保護具の指定防護係数（P.86）にあるとおり、呼吸用保護具は、ばく露レベルを大幅に低下させることができます。

　クリエイト・シンプルで行ったリスク判定は、あくまで簡易ツールによる判定です。

　① 成分ごとに行ったリスク判定を活用し、実際に取り扱う混合物としてのリスクアセスメント対象物として、リスク評価を行う。

　　混合物成分のうち、その成分を選んでクリエイト・シンプルでリスク判定をした理由、他の物質をリスクが小さいと判断した理由の記載は必須です。通常は、化学物質の有害性、含有量、揮発性（沸点）などを比較します。

　② クリエイト・シンプルによるリスク判定に対し、健康障害発生リスクを許容できるかどうかを事業場として最終評価する。

　　通常、化学物質管理者が最終評価し、その日付を記載します。許容リスクレベルをIIまでとしている事業場もありますが、あまり硬直的に考えずに標準的な指標とするにとどめましょう。

### (4) 実施レポートの取扱い

　クリエイト・シンプルのリスクレベルはI～IVの4段階で出力されます。「STEP2 取扱い物質の情報」に基づく結果と、「STEP3 物質の使用状況」に基づく結果を比較することでリスクレベルが決定されます。

　吸入ばく露を例にとると、STEP2の情報に基づく「ばく露限界値」または「管理目標濃度」と、STEP3の情報に基づく「推定ばく露濃度範囲」であり、その数値の比較によって、**表7・2**のようにリスクレベルが決定されます。

表7・2　クリエイト・シンプルのリスクレベル（吸入ばく露）

| リスクレベル | リスク判定 | 判定理由 |
|---|---|---|
| リスクレベルⅣ | 大きなリスク | 推定ばく露濃度範囲の上限>ばく露限界値または管理目標濃度の上限値×10 |
| リスクレベルⅢ | 中程度のリスク | ばく露限界値または管理目標濃度の上限値×10≧推定ばく露濃度範囲の上限>ばく露限界値または管理目標濃度の上限値 |
| リスクレベルⅡ-B | 懸念されるリスク | ばく露限界値または管理目標濃度の上限値≧推定ばく露濃度範囲の上限>ばく露限界値または管理目標濃度の上限値×1/2 |
| リスクレベルⅡ-A | 小さなリスク | ばく露限界値または管理目標濃度の上限値×1/2≧推定ばく露濃度範囲の上限>ばく露限界値または管理目標濃度の上限値×1/10 |
| リスクレベルⅠ | 些細なリスク | 推定ばく露濃度範囲の上限≦ばく露限界値または管理目標濃度の上限値×1/10 |

## 4．クリエイト・シンプルを使ってみて困ったら

### ⑴　CAS番号がない

　⇒CAS番号は、クリエイト・シンプルを使う上で必須ではありません。不明な場合は、SDSからGHS分類を確認し、記載された各種区分をステップ2に手作業で入力します。

　CAS番号は、通常、SDSの「3.組成及び成分情報」の項目をよく見ると、成分ごとまたは混合物自体に対して示されています。

　CAS番号は、化学物質やその混合物を特定するのに便利ですが、商用に振られた番号ですから、あまり使用実績がない、販売元が独自にブレンドした、メーカーがCAS番号を振りたくないなどさまざまな事情により、CAS番号がないことはあります。また、1つの化学物質に対して複数のCAS番号が振られることもあります。安衛法令の規制は、CAS番号によらず、化学物質の名称により行われます。あまり使用実績がない化学物質は、有害性に関する知見が十分に収集されていない（後日発がんなどの知見が判明する）こともあります。

### ⑵　混合物の成分が多く評価ができない

　　混合物として評価する方法がわからない

⇒① 混合物として（成分に分けずに）GHS分類を手入力する

② 成分ごとにリスクの判定をし、最終的に混合物としてのリスクを評価

③ 研究や分析など少量で多数の物質を同一作業で取り扱う場合は、優先順位を定めて実施する方法もある

①について

一般に、各成分のばく露限界値が明らかなときは、①よりも②のほうが有害性リスクを具体的に推定できます（不確定要素が小さくなる）。

②について

化学物質ごとに危険有害性の種類や程度が異なるという前提に立ち、化学物質ごとにリスクアセスメントをするのが原則です。クリエイト・シンプルver.3.0から、一度に10物質までの推定ができるようになりました。各成分の有害性、使用量、含有量、揮発性などを勘案すると、互いの有害性リスクの高低が明らかな場合は、化学物質管理者などがその旨を（リスクアセスメントの一環として）判断するという方法はあります。

③について

次のように優先順位を定めて、効率化を図ることもできますが、その経緯を必ず記録してください。

・明らかに有害性が高い物質（ばく露限界値が他の物質に比べて10〜100倍厳しい等）

・明らかに含有率が高い物質（他の物質の含有量が微量）

・明らかに揮発性が高い物質（他の物質が低揮発性等）

危険有害性の種類ごとに最もレベルの高い危険有害性を有する（例：揮発性が高く、ばく露限界値が低い）化学物質についてリスクアセスメントを実施し、リスクが低いと判断できる、あるいはリスクに基づくリスク低減措置を講じれば、他の物質についてもリスクが低い、十分なリスク低減措置を講じていると判断することができます。

⑶ **ステップ２でGHS分類を用いて推定したら、リスクが高くなった**

⇒不確定要素が大きいために、有害性リスクが高く出る場合があります。

⑵で述べた②の方法を用いると改善する場合があります。

クリエイト・シンプルでは、ばく露限界値との比較で有害性リスクの評価が行われますが、ばく露限界値が得られない場合には、GHS有害性分類に従って設定された管理目標値との比較で有害性評価が行われます。GHS分類に基づく管理目標値は、毒性データなどをケタで区分して設定されるため、安全側の評価となります。濃度基準値や管理濃度の設定がない物質についても、学会の許容濃度等、ACGIHやMAKなどの海外機関が示すばく露限界値などを調べて入力し、ばく露限界値に基づく有害性リスクの評価を行うと、改善することがあります。

　また、クリエイト・シンプル以外の評価ツールを用いて推定を行ったり、簡易の実測をしたりして、より正確なばく露レベルの確認を行うことも有効です。

(4)　**固体を溶かした水溶液、昇華性のある固体は、固体として評価してよいのか**

　⇒固体を溶かした水溶液は、液体としてリスクを判定します。通常、低揮発性の液体として取り扱います。水酸化ナトリウム水溶液など、固体の揮発がない場合には、化学物質管理者などが、固体の吸入のリスクは小さいものと判断し、その結果を記録することでも足ります（皮膚障害等のリスクは別です）。

　⇒沃素、ナフタレンなど昇華性のある固体は、吸入ばく露のおそれがあるため、液体としてリスクを判定します。揮発性を無視することはできず、固体の蒸気圧に応じて次のように設定します。

　　・低揮発性：0.5kPa未満

　　・中揮発性：0.5〜25kPa

　　・高揮発性：25kPa超

(5)　**ガスについての有害性がわからない**

　⇒ ガスの通常の取扱いで吸い込むことは想定されません。

　　（ステップ1で性状を「気体」とすると爆発・火災など危険性のみの評価となる）

　クリエイト・シンプルでは、ガスに対する有害性リスクの評価は行われない

仕様となっています。有害性リスクがないということではないので、必要に応じ、急性中毒のリスクに対して、第5章2⑵ア.に示す爆発・火災のリスクと同様に、漏洩等の発生可能性と発生した場合の重篤度に応じたリスクアセスメントを行う、慢性の健康影響のリスクに対して、ガスの微量漏洩を防止するための措置（ガス検知器による監視など）を講ずるなどの対応を検討しましょう。

### ⑹　クリエイト・シンプルのバージョンが変わってしまった

　化学物質規制の見直しに伴ってさまざまな技術基準が示されているため、クリエイト・シンプルもそれらに対応して更新されています。

　令和4年以降に更新されたバージョンであれば、改めて作業をしなくてよい場合が多いですが、特に、以下の点に該当する場合は、再度計算が必要と思われます。

・新たに設定された濃度基準値により評価していない（評価に用いたばく露限界値が同じであれば不要）

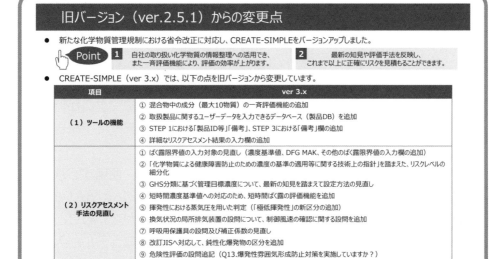

（資料：厚生労働省「クリエイト・シンプルを用いた化学物質のリスクアセスメントマニュアル」2024年）

**図7・13　旧バージョン（ver.2.5.1）からの変更点**

・呼吸用保護具を考慮したばく露推定値を用いて、確認測定を不要と判断した

なお、ver.2.5を導入している事業場については、上の点に注意して適正に運用すれば、大きな支障はありません。例えば、濃度基準値をばく露限界値として入力して再度評価する、初回のリスク判定においては、呼吸用保護具を使用しないと仮定してリスクを判定し、確認測定の要否を調べるなどです。

新しいバージョンに後日移行する場合の移行機能も付加されました。

## 5. クリエイト・シンプルの入手と準備

クリエイト・シンプルは、マクロエクセルファイルです。厚生労働省WEBの「職場のあんぜんサイト（化学物質のリスクアセスメント実施支援）」のページからダウンロードします。クリエイト・シンプルは、利便性の向上の観点や技術基準の追加に対応して、ひんぱんに更新されており、最新のバージョンのみが掲載されています。

クリエイト・シンプル　ダウンロードサイト
https://anzeninfo.mhlw.go.jp/user/anzen/kag/
ankgc07_3.htm

マクロファイルを含むため、職場の通信システムを利用する際に、情報セキュリティ上、ダウンロードを制限されたり、ダウンロード時にマクロが無効化されたりすることもあります。必要に応じて、セキュリティ部門に手続きをしましょう。

ダウンロード時に、マニュアルもダウンロードできます。使用するバージョンに対応したマニュアルを入手しておきましょう。職場のあんぜんサイトに掲載されるクリエイト・シンプルのファイルは、バージョンが変わるごとに上書き更新されています。後日では使用中の旧バージョンのマニュアルが入手できなくなることがあるので注意します。

化学物質のリスクアセスメントは、中小規模事業場にとっては負担の大きい業務です。特に、自律的な化学物質管理の下では、化学物質管理者によるリスクアセスメントの結果は、その事業場で講ずる化学物質管理対策を決めること

## ツールの起動

- CREATE-SIMPLEはExcel ファイルです。ダブルクリックしてファイルを開いてください。このとき、「セキュリティの警告」が表示される場合があるため、「コンテンツの有効化」または「マクロを有効にする」というボタンを押してください。

    ⚠ セキュリティの警告　一部のアクティブ コンテンツが無効にされました。クリックすると詳細が表示されます。　　コンテンツの有効化

- Microsoftのセキュリティ強化によりExcelのバージョン2203以降から、インターネットから取得したエクセルのマクロが実行できなくなる事象が発生しております。詳細は以下をご確認ください。

    https://learn.microsoft.com/ja-jp/deployoffice/security/internet-macros-blocked

    ⊗ セキュリティ リスク このファイルのソースが信頼できないため、Microsoft によりマクロの実行がブロックされました。　　詳細を表示

- 「セキュリティ リスク」の表示がでた場合は、以下の手順でマクロの実行のブロックの解除することが可能です。
    - ✓ 保存場所においてファイルを右クリック→プロパティ（R）→全般タブの下部におけるセキュリティで「許可する」にチェック→OK

- EXCELは「2019」以降のバージョンをお使い下さい。バージョンが古いEXCELの場合、誤作動を起こす場合があります。

（資料：厚生労働省「クリエイト・シンプルを用いた化学物質のリスクアセスメントマニュアル」2024年）

**図7・14　ツールの起動**

になりますから、責任重大です。

　クリエイト・シンプルは、リスクアセスメントを行うためのツールの１つにすぎません。他の方法によるリスクアセスメントが必要な場合もありますし、クリエイト・シンプルの結果のみで化学物質管理者による判断が確定するというものでもありません。

エクセルファイルを開くことができても、そこからマクロがブロックされるなどしてうまく動作しない例が少なからずあるので、自社のシステム管理者とよく打ち合わせてね。

# 第8章　現場に伝える
## ～職長教育と作業者への教育～

## 1．化学物質管理者と教育

　化学物質の自律的な管理においては、化学物質に関する情報伝達が強化されており、各種教育においても拡充されています。これらの実施管理については、化学物質管理者の職務とされています。

### (1)　職長等に対する安全衛生教育の対象となる業種の拡大

**○化学物質管理が必要な職長教育の対象業種が増えている**
【関係する法令】安衛法第60条など
●職長教育の義務付けがある業種が拡大（令和5年4月）
　・「食料品製造業」の全て
　・「新聞業、出版業、製本業及び印刷物加工業」
●リスクアセスメントと措置を含む12時間の安全衛生教育
　化学物質管理者がその適切な実施を管理

　生産工程において、作業中の労働者を直接指導、監督する立場の職長等は、職場のかなめであると同時に、事業場内の化学物質管理を実施する上でも欠かせない存在です。作業に熟達している職長等の監督者が化学物質管理に必要な知識を持ち、労働者を適切に指導することにより、化学物質に関する重篤な災害を防止することができます。

　安衛法第60条の規定に基づき、建設業、製造業の一部、電気業、ガス業、自動車整備業および機械修理業については、新たに職務につくこととなった職長その他の管理監督者に対し、リスクアセスメントおよびその結果に基づく措

130

置を含め12時間の安全衛生教育が義務付けられており、化学物質管理者は、その適切な実施を管理する必要があります。

　令和4年2月の安衛令の改正により、職長等に対する安全衛生教育の対象となる業種に、化学物質を取り扱う2業種が追加され、令和5年4月1日から施行されています。これにより、「食料品製造業」および「新聞業、出版業、製本業及び印刷物加工業」についても、職長等に対する安全衛生教育の対象となっていることに留意する必要があります。

　なお、食料品製造業のうち、うま味調味料製造業および動植物油脂製造業については、従前から職長等に対する安全衛生教育の対象業種となっていたものです。

### (2)　雇入れ時等の教育の拡充（安衛則第35条）

**○雇入れ時等の教育科目の省略がなくなった**
【関係する法令】安衛則第35条
●どの業種についても、化学物質の危険性・有害性、作業方法などについて省略が認められなくなった（令和6年4月1日）
※これまで省略が認められていた社会福祉施設、飲食店、食料品小売業、教育研究業などについても、省略規定が廃止された

　労働者を雇い入れ、または労働者の作業内容を変更したときに労働者に対して行わなければならない教育（雇入れ時等教育）については、事業場の業種や規模を問わず義務付けられています。従来は、業種により、**表8・1**に示す教育事項のうち①から④までの事項について省略が認められていましたが、令和6年4月1日から省略規定がなくなり、業種によらず全ての項目を実施することとなりました。

表8・1　**雇入れ時等の教育の事項**（安衛則第35条第1項）

| |
|---|
| ①　機械等、原材料等の危険性又は有害性及びこれらの取扱い方法に関すること。 |
| ②　安全装置、有害物抑制装置又は保護具の性能及びこれらの取扱い方法に関すること。 |
| ③　作業手順に関すること。 |
| ④　作業開始時の点検に関すること。 |
| ⑤　当該業務に関して発生するおそれのある疾病の原因及び予防に関すること。 |
| ⑥　整理、整頓及び清潔の保持に関すること。 |
| ⑦　事故時等における応急措置及び退避に関すること。 |
| ⑧　前各号に掲げるもののほか、当該業務に関する安全又は衛生のために必要な事項 |

第8章　現場に伝える

131

雇入れ時等教育において、化学物質の危険性、有害性等についての事項をどの程度行うかについては、法令の定めはないので、作業の実態に応じて定めれば大丈夫です。例えば保健衛生業では、清掃に用いる業務用洗剤や薬品の取扱いと、事務所でときおり使用する溶剤の取扱いを中心に教育を行うということが考えられます。事務職で全く化学物質を取り扱うことがない労働者については、（それが事実である限り）化学物質に関係する教育を行わなくてもよいとされているものの、化学物質の取扱いを想定しない労働者においても、実際には臨時に化学物質を取り扱い、化学熱傷や呼吸器障害など重篤な労働災害が発生していることを踏まえ、新規入職者等に幅広く化学物質の危険性、有害性等についての教育を実施することが望ましいといえます。

### ⑶　化学物質管理に関する教育拡充の背景と目的
　第2章で、化学物質の取扱いにおいては、休業に至らないものも含め多くの労働災害（化学物質が眼に入り治療を受けたが休業に至らなかった災害など）が発生していること、化学工業だけでなくさまざまな業種で発生しているということを説明しました。
　こうした背景事情から、職長等に対する安全衛生教育が必要な業種が拡大し、雇入れ時等教育についても、全ての業種で化学物質の危険性・有害性等に関する科目を雇入れ時等教育で行うことになったのです。
　したがって、化学物質は、特殊で限定された職場で使用されるものではなく、さまざまな産業で広く使われるものだという認識に立って、作業に従事する労働者に対して、①取り扱う化学物質のラベル表示など必要な知識を付与し、②取扱いに必要な正しい操作方法や留意事項を教育訓練し、③習得した内容を実践していることの確認を行う必要があります。外部の教育研修機関の活用も有効ですが、特に雇入れ時等教育においては、作業に関連付けた教育が重要であり、事業場の管理者からの教育指示を含むべきです。

化学物資のリスクアセスメント指針には、リスクアセスメント結果の労働者への周知事項を、雇入れ時教育や作業内容変更時教育に含めるべきとされていたわ。

　また、他職種からの転職者や日本での生活に慣れていない外国人労働者など、業務歴や文化的な背景が異なる労働者に対する雇入れ時等教育に当たっては、前提となる考え方（なぜ必要か、他の指示より優先すべきかなど）や達成すべきレベル感に差異を生ずることがあり、結果として必要な知識が付与されないこともあります。理解したかどうかを口頭で確認するだけでなく、理解度を定期的に確認する、緊急時の対応（退避や保護具使用）につき訓練を行うなど、必要に応じて教育効果を確認するように努めましょう。

### ⑷　教育における化学物質管理者の役割

　化学物質管理者は、ラベル表示、SDS、リスクアセスメントとその結果に基づく措置、災害発生時の措置等に関する教育について、実施計画の策定、教育効果の確認等を管理します。教育の実施そのものは、必ずしも化学物質管理者自身が行わなくてもよいとされています。

　特に、事業場の規模が大きく、化学物質管理者が複数の部門を管轄するような場合は、化学物質に関する作業者向けの教育を、日々の業務指示を行う職長等の現場管理者に任せたほうが良い場合も少なからずあります。ただし、教育教材の準備、教育カリキュラムの決定などの支援は行う必要があります。

　また、リスクアセスメント対象物を実際に使用する労働者がラベルや絵表示を知らないということがあってはなりませんが、SDSの詳細や確認測定の方法など知らなくてもよいこともあるなど、教育で提供すべき内容は、対象者により異なってきます。特に、学科科目方式による教育は、現場作業者に対しては、わかりやすく、ポイントを絞って行うことが重要です。これに加え、職場巡視等において現場作業者の実際の作業方法を理解し、注意すべき点をコメントしたり、望ましい作業方法について議論することは、作業者の化学物質管理への理解を深めることにつながります。

第8章　現場に伝える

⑸　労働災害発生後の教育

　化学物質を原因とする労働災害には、知識の不足に起因するとみられるものが一定程度含まれており、そのまま放置しては、同一労働者または同一作業グループにおいて同種災害の発生が懸念されます。不休災害のような労働災害も視野に入れ、身近に起こり得る労働災害事例として、再発防止策を含めた教育教材に利用することで効果が高まります。ヒヤリ・ハット事例を活用することもよいのですが、ヒヤリ・ハット自体を望ましくない事例とするのではなく、災害を未然に防いだ側面があれば好事例として紹介するなど、前向きの教育を工夫すべきです。

## ２．化学物質管理におけるヒューマンエラーと対策

　労働災害の原因を分析すると、上に述べたような化学物質管理の知識がなかっただけでなく、知っていたのに防げなかった、防ぐ努力をしなかった、知識はあったのに勘違いしてしまったといった事例も少なくありません。

　これらを考えると、化学物質管理における教育には、知識教育に加えて、回避行動をとるための技能教育、化学物質管理に対する意識を向上させるための教育もまた必要なことがわかります。一方、これら全てに問題がなくても、ヒューマンエラーは起こってしまいます。

　米国の宇宙開発には一流の技術者が携わっており、一見、知識、技能、意識のいずれも問題がないように見えますが、それでも初歩的なミスは発生しています。燃料の単位計算の誤りなどヒューマンエラーが原因で、設計した宇宙船が大破した事例が複数あると聞きます。化学物質管理の分野でも、ヒューマンエラーは大敵です。米国認定インダストリアルハイジニストCIHの試験問題では、立方フィート毎分を立方メートル毎分に変換したり、ガロン、パイント、ポンドといったSI単位系でない値を混在させて解答を求める計算問題が出されているところをみると、実務家としてのヒューマンエラーへの危機意識を試されているとも考えられます。

⑴　化学品の取り違え防止

　日ごろ取り扱う化学品については、内容の確認がおろそかになりがちですが、

ラベルの確認を必ず守りましょう。事業場内での小分け保管時の誤用、誤飲を防止するためです。全ての作業者に徹底する必要がありますから、危険予知訓練（KYT）や公共交通機関の安全対策で用いられる指差呼称などを導入する価値があります。

### (2)　似た名称の化学物質の区別

　化学物質の名称は似たものが多くあるので、間違えないようにします。化学物質に関する知識レベルとも関係しますが、知識があってもついうっかり間違えるということもあります。職場で頻繁に取り扱う物質を熟知すると同時に、間欠的、不定期に取り扱うことのある物質については、他の物質と間違えるおそれがないかどうかをよく確認し、必要に応じて明確に区別しましょう。

- ・酸化カルシウム（生石灰）と水酸化カルシウム（消石灰）
- ・メタノール（メチルアルコール：毒性、視神経影響）とエタノール（エチルアルコール：飲用アルコール）
- ・エチレングリコールとジエチレングリコール

### (3)　間違えやすいプロセスの排除

　不注意による事故が発生した場合の重篤度を考慮すると、間違えやすいプロセス（特に過去に危うく間違えるところだったというヒヤリハット事例）については、できるだけ単純化して間違いの発生を防ぐ必要があります。個々の生産管理の問題となりますが、一般的には、プロセスに枝分かれが多い作業（判断を強いられる場面が多い）をできるだけ排除し、直列に進むプロセス（判断せずに順に処理する）に移行しましょう。間違えないよう作業者に強いることは、リスク管理上合理的ではありません。

### (4)　間違えやすい書類の排除

　間違いは、現場作業だけでなく、作業を記した書類の確認時にも発生します。目で見て点検しているようで、つい見落としや読み違いが起こるのです。ベテラン作業者では、書類に書いてある誤りを、自分の知識で補って脳に伝達してしまう（誤りを見逃す）ことも多くあります。

そこで、書類上のレイアウトや記載事項は、できるだけ簡素化します。確認時の目の動きも考慮し、表を縦一列に確認することができるように整理しておくと効果的です。手書きや間違いやすい文字も排除しましょう。航空機の座席配置などでは、紛らわしいアルファベットをあらかじめ除外してあります。

### (5) リスクアセスメントの共有

　化学物質のリスクアセスメントは、事業場における化学物質のリスク低減措置を左右することとなる重要なものです。リスクアセスメントの実施は、事業者の義務であり、化学物質管理者がその技術的事項を管理することとされていますが、リスクアセスメントは、1つの視点でとらえられるものではありません。

　経験によりリスクの感じ方は異なります（**表8・2**）。初心者ほど怖がるリスクについては、作業者各自が経験を積み技能を高めることで、リスクを小さくすることができます。研究施設での混酸の調製などがこれに当たります。混酸の調製過程では、発熱しますし、万一手指に付着したり眼に入ったりした場合の痛みは大きいからです。

　一方、初心者はそれほど気にかけないけれども、ベテランは怖いと思うリスクもあります。初心者では、直感的に感じにくいリスクに気づきにくいことがあるためです。保護手袋を透過して皮膚から吸収される発がん物質のばく露は、

表8・2　経験とリスクの感じ方の違いと、そのリスクへの対処法

| | 初心者の意見 | ベテランの意見 | 所　見 |
|---|---|---|---|
| 1 | 怖い | 怖い | 人の経験ではどうにもならない手強いリスク。すぐに職場から除去すべき。 |
| 2 | 怖い | 怖くない | 技能と経験で克服できるリスク。教育・訓練や治具の支給で初心者をサポートすべき。 |
| 3 | 怖くない | 怖い | 初心者ほどわなにかかりやすいリスク。除去できない場合は、新人研修で念入りに警告すべき。 |
| 4 | 怖くない | 怖くない | 取るに足らないリスクか、皆が油断しているリスク。どちらなのか、事故の発生状況を調べるべき。 |

（出典：中田亨著「ハード×ソフト×マネジメント　ほめる文化がヒューマンエラーを減らす！」中央労働災害防止協会、2014）

皮膚に痛みを感じないこともあり、そのばく露量を測定することもできないために、リスクが過小評価され、長期間にわたり放置されることもあります。短期的には身体に悪影響がないように思えても、長期間のばく露により特定の臓器にがんを生ずることがわかっているものもあります。こうしたリスクは、発がんによる健康影響などに知識を有する人だけが理解し、注意喚起することができます。

第9章　関係法令のポイント

　労働安全衛生法（安衛法。以下「法」という）では、化学物質（元素および化合物）を危険物、有害要因としてとらえ、労働者が負傷し、疾病にかかり、または死亡する（労働災害という）ことを防止するための規制を行っています。

　事業者は、化学物質をその利便性にのみ着目して選択して取り扱うと、爆発、発火、引火の危険性（法第20条）が増大したり、ガス、蒸気、粉じん等による健康障害（法第22条）のリスクが高まったりすることを知っていなければなりません。

## 1．化学物質の種類と規制体系

### ⑴　化学物質規制法令の体系

　法令により、製造・輸入や使用が禁止されている有害物は、ベンゼンを含有するゴムのり、石綿など8種類のみであり、それ以外の国内で使用されている化学物質の種類は7万物質あまりにものぼります。この中には、特定化学物質障害予防規則（特化則）、有機溶剤中毒予防規則（有機則）、鉛中毒予防規則（鉛則）、粉じん障害防止規則（粉じん則）など特別則の対象である個別規制物質123種類を含め、製造、取扱いに当たりリスクアセスメントの実施が義務付けられている「リスクアセスメント対象物」896物質があります。

　リスクアセスメント対象物については、令和6年4月現在の896物質を令和8年4月1日までに順次2,316物質に拡大することが決まっており、これに伴ってがん原性物質をはじめとする対象物質の追加も考えられます。

　リスクアセスメント対象物以外の化学物質については、国によるGHS分類

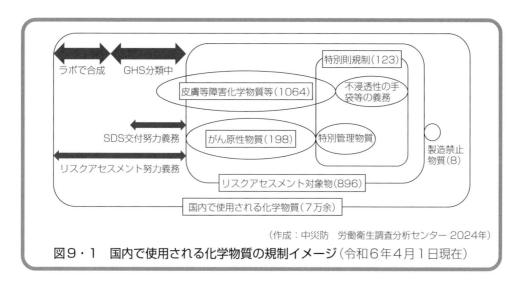

（作成：中災防　労働衛生調査分析センター 2024年）

**図9・1　国内で使用される化学物質の規制イメージ**（令和6年4月1日現在）

が進められているもの、研究レベルで合成されたが市場に出回っていないものなどであり、譲渡提供時のSDSの交付や、製造・取扱いに当たってのリスクアセスメントの実施は努力義務とされています（法第28条の2）。

　リスクアセスメント対象物以外の化学物質については、現在入手可能な危険性・有害性の情報が限定的であるためリスクアセスメントの義務付けがないだけであり、特に、皮膚からの吸収によるものを含め、慢性的健康影響や職業がんに対する懸念がないわけではありません。今後、国によるGHS分類が進み十分な情報が得られた段階で、リスクアセスメント対象物に追加されるものと考えられます。国内で使用される化学物質全体に対する令和6年4月1日現在の規制イメージを**図9・1**に示します。

## ⑵自律的な化学物質管理における法令遵守

　令和4年5月の安衛則改正により導入された自律的な化学物質管理においては、個別規制としての特別則にあるような、換気装置の設置稼働、作業環境測定の実施、特殊健康診断の実施といった一律で具体的な措置義務の定めはありません。化学物質の製造や取扱いにおいては、化学物質が同じであっても、作業状況によりそのリスクはさまざまであるため、個々の事業場においては、化学物質管理者の技術的管理の下で実施するリスクアセスメントの結果に基づ

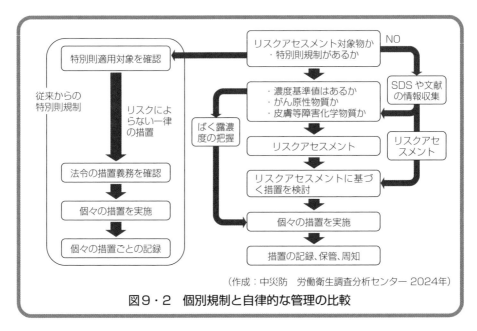

図9・2の内容:

リスクアセスメント対象物か
・特別則規制があるか → NO → SDS や文献の情報収集

特別則適用対象を確認

従来からの特別則規制　リスクによらない一律の措置

・濃度基準値はあるか
・がん原性物質か
・皮膚等障害化学物質か

ばく露濃度の把握

リスクアセスメント

リスクアセスメント

法令の措置義務を確認

リスクアセスメントに基づく措置を検討

個々の措置を実施

個々の措置を実施

個々の措置ごとの記録

措置の記録、保管、周知

（作成：中災防　労働衛生調査分析センター 2024年）

**図9・2　個別規制と自律的な管理の比較**

き、それぞれの事業者が措置を決定するのです。**図9・2**に示すとおり、従来からの特別則のような一律の措置義務に相当するものは、事業者が決定した措置すべき事項ということになります。

　したがって、法令遵守という観点からは、リスクアセスメントの実施結果と、その結果に基づき、取り得る多くの選択肢の中から、事業場にとって必要かつ十分な措置を選択することが重要であり、措置を選択した経緯については、記録して保存する必要があります。決定した措置について、労働者の意見の聴取が必要となることは言うまでもありません。

　必要かつ十分な措置としては、リスクアセスメント対象物の有害性、消費量、作業方法に応じた換気設備の設置稼働や呼吸用保護具の使用、火災防止のための静電気の帯電防止措置などが考えられますが、サービス産業などにおいては、取扱物質を変更したり使用量を抑制したりばく露が小さい作業方法を選択したりすることにより、必ずしも大がかりな設備を設置しなくても健康障害や爆発火災のリスクを小さくすることができる場合も多くみられます。このように、リスクが小さいことが確認できれば、それに応じた対策を講ずればよいという点では合理的です。リスクアセスメントをどのようにして実施したのか、その

結果がどのようになったのか、必要な対策をどのように決定したのかを記録し、事業場における決定プロセスを明らかにしておく必要があります。今後は、これらの記録が法令遵守の証になるとともに、事業主や後任者に決定プロセスがわかるようにしておくことが求められるのです。

### (3) 特別則との関係

　ここで、特化則、有機則などの規制対象物質もリスクアセスメント対象物に含まれるものの、これらについては引き続き法令（特別則）による個別規制が行われることを承知しておかなければなりません。

　つまり、有機則の対象物質を使用して塗装などの有機溶剤業務を行う場合は、リスクアセスメントを実施した結果、リスクが十分に小さいとされたとしても、有機則に基づく措置を講ずる必要があるということです。すなわち、**図９・２**において、リスクアセスメント対象物が特別則の対象でもある場合は、リスクアセスメントの結果に関わらず、左側の措置を行う必要があるわけです。

　安衛則改正による自律的な化学物質管理の導入に伴い、特別則による個別規制の体系にも一部変更が生じています。詳しくは、P.149以降を参照ください。

### (4) 情報伝達の強化

**○SDSの記載項目の追加、定期確認・更新（譲渡・提供者の義務）**
【関係する法令】安衛則第34条の2の4、第34条の2の5、第34条の2の6
- ●通知事項に「想定される用途及び当該用途における使用上の注意」が追加
　⇒想定される用途以外の用途で使用するときは、特に注意
- ●「人体に及ぼす作用」を5年以内ごとに1回、確認・更新する
　⇒リスクアセスメントに不足する情報があれば、譲渡・提供者に問い合わせる
- ●成分の含有量を、原則として、重量パーセントで記載する
　営業上の秘密に相当する場合は、例外的に秘密保持下で個別通知できる

**○通知方法の柔軟化**
【関係する法令】安衛則第34条の2の3
- ●SDSの通知手段は、電子メールの送信や、WEBのURLや二次元コードの伝達によってもよいこととなった

リスクアセスメント対象物は、表示対象物質および通知対象物質でもあるので、その譲渡・提供に際しては、容器や包装にラベル表示がなされ、SDS（安全データシート）が交付されます。表示対象物質、通知対象物質を譲渡・提供する者に対しては、それぞれ安衛法第57条、第57条の2に基づき表示や文書交付の義務が課されています。

　これら物質（リスクアセスメント対象物）の譲渡・提供を受けた事業者は、平成28年以降、その取扱いに当たり、危険性又は有害性等の調査、すなわちリスクアセスメントをすることが義務付けられています（安衛法第57条の3）。令和4年の安衛則改正により、事業場においてリスクアセスメントを実施する化学物質管理者の役割や、その方法が具体的に示されました。したがって、リスクアセスメント対象物の取扱いに当たっては、化学物質管理者や職長等の現場管理者は、特に、次の点に留意してください。

　①　SDSに記載されている事項、特に、「2.危険有害性の要約」「3.組成及び成分情報」「4.応急措置」「8.ばく露防止措置及び保護措置」「9.物理的及び化学的性質」には、必ず目を通しておく。

　②　化学品の成分情報やGHS分類の区分につき、リスクアセスメントに必要な情報に不足がある場合は、譲渡・提供者に問い合わせる。解決しないときは放置せず、国の相談窓口などに解決策を相談する。

　③　その他リスクアセスメントに必要な情報が最新であることを確認する。

　濃度基準値、がん原性物質、皮膚等障害化学物質等への該当など法令通達により確認できる事項については、SDSに記載された情報のみに頼ることなく自ら調べて、リスクアセスメントの実施に必要な情報を知っておかなければなりません。また、SDSの通知事項である「人体に及ぼす作用」については、令和5年4月1日以降、SDSの交付者が5年以内ごとに確認することとされています。譲渡・提供者から、有害性に関する最新の知見や、使用すべき保護具に関する情報が変更された旨の通知を受け取ったときは、リスクアセスメント対象物の取扱事業者は、必要な対応を取らなければなりません。

　また、SDSには、新たに、「想定される用途及び当該用途における使用上の注意」が追加されています。SDSに記載された「7.取扱い及び保管上の注意」などは、譲渡・提供者が設定した想定される用途に対してのものですから、こ

れを別の用途で使用しようとするときは、微量に含まれる有害物に対する有害性の確認などを、自ら行う必要が生ずることがあります。

### (5) 事業場内の実施体制の確立

　化学物質の管理において重要な危険性・有害性情報の情報共有やリスクアセスメントが適切に行われるためには、事業場の内外に十分な数の化学物質管理に関する専門家が必要と考えられます。従来、衛生管理者、職長、産業医、作業環境測定士、労働衛生コンサルタントなどが、事業場の化学物質管理にそれぞれの立場で役割を果たしてきましたが、数年後には2,300物質以上となるリスクアセスメント対象物やそれ以外の化学物質を視野に入れて化学物質管理を行うには、決して十分とはいえません。事業場外の専門家、すなわち労働衛生工学の労働衛生コンサルタントや労働災害防止団体に置かれた衛生管理士、専門知識をより高めた作業環境測定士に加え、オールマイティの化学物質管理専門家、労働衛生工学に詳しい作業環境管理専門家などが、化学物質管理を主眼におき、事業場を支援していくことが重要となります。

　また、事業場がリスクアセスメントを実施し、その結果に基づき自ら措置を講ずる自律的な管理を定着させるためには、安全管理者（法第20条関係）、衛生管理者（法第22条関係）の管理の下、化学物質管理者がその技術的事項を管理する事業場内の化学物質管理体制の確立が重要です（安衛則第12条の5）。実際には、**図9・3**にあるように、安全管理者、衛生管理者の業務範囲は化学物質管理以外にも多くありますから、化学物質管理については化学物質管理者が主体となって管理しつつ、電気・機械安全や熱中症予防など化学物質管理との調整が必要な分野でしっかり意思疎通することが重要です。

　さらに労働者のばく露防止措置として防毒マスクや保護手袋などの保護具を使用させる場合は、保護具着用管理責任者が、その適正な選択、使用、保守管理を行わなければなりません（安衛則第12条の6）。

特別則の規定が適用除外になる認定を受けるためにも、外部の専門家の支援が必要ね。

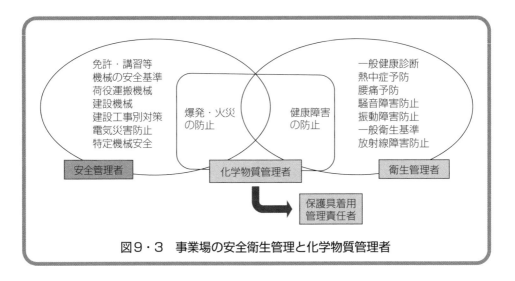

図9・3　事業場の安全衛生管理と化学物質管理者

免許・講習等
機械の安全基準
荷役運搬機械
建設機械
建設工事別対策
電気災害防止
特定機械安全

爆発・火災
の防止

健康障害
の防止

一般健康診断
熱中症予防
腰痛予防
騒音障害防止
振動障害防止
一般衛生基準
放射線障害防止

安全管理者　　化学物質管理者　　衛生管理者

保護具着用
管理責任者

### (6)　特殊健康診断の頻度の緩和

　特定化学物質、有機溶剤、鉛および四アルキル鉛に関する特殊健康診断の実施については、以下の要件を全て満たす場合には、特殊健康診断の対象業務に従事する労働者に対する特殊健康診断の実施頻度を、6か月以内ごとに1回から、1年以内ごとに1回に緩和することができます（製造禁止物質および特別管理物質に係る特殊健康診断を除く）。

　　・対象となる労働者が業務を行う場所における直近3回の作業環境測定の評価結果が第一管理区分に区分されたこと（四アルキル鉛を除く）。

　　・直近3回の特殊健康診断の結果、その労働者に新たな異常所見がないこと。

　　・直近の健康診断実施後に、軽微なものを除き作業方法の変更がないこと。

　特殊健康診断の実施頻度の緩和は、行政機関への手続きを行うことなく実施することができますが、未実施と区別するために省略した旨を記録します。労働者ごと、かつその都度の判断となることに留意が必要です。

### (7)　事業場におけるがんの発生の把握の強化

　化学物質を製造し、または取り扱う事業場において、1年以内に2人以上の労働者が同種のがんに罹患したことを把握したときは、都道府県労働局長に遅滞なく報告が必要となる場合があります。そのがんの罹患が業務によるかどう

かが問題となるため、事業者は、医師または歯科医師の意見を聴かなければならないとされています。

　医師により、がんの罹患が業務に起因するものと疑われると判断されたときは、都道府県労働局長に次の事項を報告することとなります（安衛則第97条の2）。

　　・その労働者が業務において製造し、または取り扱った化学物質の名称
　　・その労働者が従事していた業務の内容と従事期間
　　・その労働者の年齢および性別

　これは、化学物質のばく露に起因するがんの把握が困難であるのに加え、その事業場におけるがんの再発防止はもちろんのこと、同様の作業を行う事業場における化学物質によるがんの予防を目的とするためです。

　意見を聴く医師としては、事業場における化学物質のばく露を把握している産業医が適しているといえますが、そのほか、定期健康診断を委託している機関に所属する医師や労働者の主治医も含まれます。産業医以外については、使用化学物質やばく露状況に関する情報を提供する必要があります。

　法令の規定は、現に雇用する同一事業場の労働者についてのもので、退職者を含めたものではありませんが、この要件に該当しない場合であっても、医師から、化学物質を取り扱う業務に起因することが疑われる旨の意見があった場合には都道府県労働局に報告することが望ましいとされています。

　なお、がんの罹患は、一般に、労働者の個人情報に該当しますから、事業者が労働者のがんの罹患に関する情報を全て把握するよう求められているわけではありません。職場の健康診断や、仕事と治療の両立のために短時間勤務の申出があった場合など、事業者が労働者のがんの罹患を把握した場合に、初めて必要となる対応です。


⑻　**衛生委員会**

　常時50人以上の労働者を使用する事業場については、毎月1回以上衛生委員会（または安全衛生委員会）を開催する必要があります（法第18条ほか）。

　衛生委員会の付議事項には、化学物質のリスクアセスメントとその結果に基づく措置が含まれていますが、令和4年の安衛則改正により、新たに、ばく露

**表9・1　衛生委員会の付議事項**（安衛則第22条、下線部が改正箇所）

① 衛生に関する規程の作成に関すること。
② 法第28条の2第1項又は第57条の3第1項及び第2項の危険性又は有害性等の調査及びその結果に基づき講ずる措置のうち、衛生に係るものに関すること。
③ 安全衛生に関する計画（衛生に係る部分に限る。）の作成、実施、評価及び改善に関すること。
④ 衛生教育の実施計画の作成に関すること。
⑤ 法第57条の4第1項及び第57条の5第1項の規定により行われる有害性の調査並びにその結果に対する対策の樹立に関すること。
⑥ 法第65条第1項又は第5項の規定により行われる作業環境測定の結果及びその結果の評価に基づく対策の樹立に関すること。
⑦ 定期に行われる健康診断、法第66条第4項の規定による指示を受けて行われる臨時の健康診断、法第66条の2の自ら受けた健康診断及び法に基づく他の省令の規定に基づいて行われる医師の診断、診察又は処置の結果並びにその結果に対する対策の樹立に関すること。
⑧ 労働者の健康の保持増進を図るため必要な措置の実施計画の作成に関すること。
⑨ 長時間にわたる労働による労働者の健康障害の防止を図るための対策の樹立に関すること。
⑩ 労働者の精神的健康の保持増進を図るための対策の樹立に関すること。
⑪ **第577条の2第1項、第2項及び第8項の規定により講ずる措置に関すること並びに同条第3項及び第4項の医師又は歯科医師による健康診断の実施に関すること。**
⑫ 厚生労働大臣、都道府県労働局長、労働基準監督署長、労働基準監督官又は労働衛生専門官から文書により命令、指示、勧告又は指導を受けた事項のうち、労働者の健康障害の防止に関すること。

を最小限度とする措置、濃度基準値設定物質についてばく露を濃度基準値以下とする措置、健康診断の実施に関することが追加されています。

　衛生委員会は、労使が協力して事業場の衛生に関し調査審議する場であることから、安衛則改正により追加された事項に関し労働者の意見を聴く場としても活用できますが、議事録に審議結果を明記する必要があります。

　また、衛生委員会には、産業医も出席します。化学物質ごとの病理、作業管理や健康診断項目その他の医学専門的な事項など、事前に専門書、医学文献、行政通達などの確認が必要となることもあるので、化学物質管理に関する付議事項その他複雑な質問がある場合は、できるだけ事前に産業医に相談するようにしましょう。

　**表9・1**に、衛生委員会の付議事項を整理しました。

## (9)　労働基準監督署長による改善の指示

　化学物質による労働災害が発生した事業場、またはそのおそれがある事業場については、化学物質の管理の状況について、適切に行われていない疑いがあると労働基準監督署長により判断されると、改善すべき旨を労働基準監督署長

146

から文書で指示されることとなります。労働災害の発生により一律に指示されるわけではなく、事業場に任せたままでは、自律的な管理、再発防止等の検討が期待できないと判断された場合の指示と考えてよいでしょう。

　改善の指示を受けた事業者は、事業場における化学物質管理に関し、化学物質管理専門家から、その管理の状況についての確認および事業場が実施し得る望ましい改善措置に関する助言を受けなければなりません。化学物質管理専門家に対する助言指導の依頼は、改善の指示を受けた事業場が自ら行います。

　事業者は、化学物質管理専門家から受け取ったそれらについての書面による通知を踏まえた改善措置を実施するための改善計画を、通知から１か月以内に

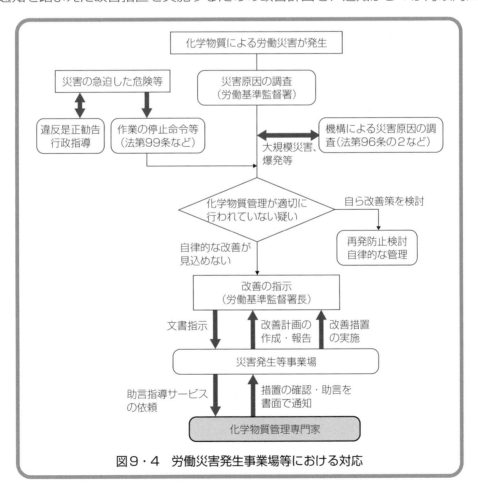

図９・４　労働災害発生事業場等における対応

147

作成し、その計画の内容について、所定の報告書により所轄労働基準監督署長に報告しなければなりません（図9・4）。

　事業者は、複数の化学物質管理専門家からの助言を求めることも可能ですが、それぞれの専門家から異なる助言が示された場合、全ての専門家からの助言等を踏まえた上で必要な措置を実施しなければなりません。労働基準監督署への改善計画の報告に当たっては、全ての専門家からの助言等を添付します。

　改善計画に基づき必要な改善措置を速やかに実施した上で、その記録を作成し、関係書類とともに3年間保存する必要があります。

　なお、「化学物質による労働災害発生のおそれのある事業場」とは、過去1年間程度で、
　　①　化学物質等による重篤な労働災害が発生、または休業4日以上の労働災害が複数発生していること
　　②　作業環境測定の結果、第三管理区分が継続しており、改善が見込まれないこと
　　③　特殊健康診断の結果、同業種の平均と比較して有所見率の割合が相当程度高いこと
　　④　化学物質等に係る法令違反があり、改善が見込まれないこと
等の状況について、総合的に判断して決定することとされています。

　化学物質による労働災害には、一酸化炭素、硫化水素による酸素欠乏症等、化学物質（石綿を含む）による急性または慢性中毒、がん等の疾病が含まれますが、物質による切創等のけがは含まれません。粉じん状の化学物質による中毒等は含まれますが、じん肺は含まれません。

　なお、ここでは、単に「化学物質による労働災害」とされており、「リスクアセスメント対象物」など対象の限定がされていないことに留意すべきです。

化学物質管理専門家とは、労働衛生コンサルタントや衛生管理士、インダストリアルハイジニストなどの専門家が該当するよ。必要な時は、日本労働安全衛生コンサルタント会や中央労働災害防止協会に相談してみよう。

## 〈参 考〉 自律的な管理と個別規制

## 1. 自律的な化学物質管理と特別則個別規制との関係

　自律的な化学物質管理の基本原則とは、本来、ゴールを決めたら、経路や手法にあまりこだわらずに、結果に基づき判断するという考え方です。令和6年4月1日から適用された濃度基準値についていえば、「濃度基準値以下であることを確認する」ことがゴールですので、確認する手法や考え方について、少なくとも法令制度上の制約はありません。これは、米国安全衛生庁（OSHA）において、ばく露上限値Permissible Exposure Limitが設定されている物質については、安全衛生監督官による監督では、換気装置などの確認はなく、実測して明らかに超えていれば法令違反、そうでなければ法令遵守とされる考え方に近いといえます。

　では、有機則、特化則、鉛則、粉じん則などの個別規制との関係はどのようになるのでしょうか。

○特別則に定める123の物質は、リスクアセスメント対象物に含まれる

○当分の間、特別則に基づく個別規制は、自律的な管理と併存する

　（リスクアセスメントの結果に関わらず、特別則に基づく措置を実施する）

○作業環境測定の結果、第三管理区分に区分された作業場所については、放置してはならない

　⇒ 労働基準監督署長による改善指示の対象となることがある

○第一管理区分が継続するなど良好な作業環境の事業場に対し、

　－特殊健康診断の頻度の緩和

　－都道府県労働局長の認定による特別則規定の適用除外　がある

特別則対象物質も、リスクアセスメント対象物ですから、リスクアセスメントを実施しなければなりません。実際には、特別則に基づく各種措置を講ずることにより、リスクは許容されるレベルとなるとみなせるため、所定の措置に漏れがないことの確認をすればよいことになります。

　将来的な特別則の取扱いについて、国の検討会報告書は、「自律的な管理の中に残すべき規定を除き、5年後に廃止することを想定」するとしています。したがって、本格施行から5年後の令和11年4月の時点で、「十分に自律的な管理が定着していないと判断される場合」は、廃止を見送り、その5年後に改めて評価を行うことになります。法定の作業環境測定の実施や作業主任者の選任など、化学物質による重篤な労働災害の防止に大きく寄与した規制については、自律的な管理の中に残すことは十分考えられますし、今後5年間にリスクアセスメントの実施と措置といった自律的な管理の基本原則が定着しない場合は、特別則の規定はそのまま存続すると考えたほうがよいでしょう。

　このほか、作業環境測定の結果に応じて講ずべき措置について、特別則の規制が一部見直されているので、以下に紹介しておきます。

## ２．特別則対象の化学物質における実務

　以下に示す実務の実施については、特別則の規定に基づくものですから、化学物質管理者ではなく、作業主任者が実施すべき職務（一部については、保護具着用管理責任者による指導）とされます。

### ⑴　第三管理区分になったら

　作業環境測定を実施して評価した結果、第三管理区分に区分された作業場所（以下「第三管理区分場所」という）については、直ちに点検を行い、作業環境を改善するための措置を講ずるなどして、第三管理区分の状況から脱しなければなりません。

　しかし、現実的には、
　・作業が複雑で囲い式フードの局所排気装置は設置できない
　・外付け式フードの局所排気装置を設置するには、塗装面が広すぎる
などの状況があり、第三管理区分場所のまま放置されている事例も多くありま

表1　特殊健康診断の頻度の緩和の要件

・対象作業場所における直近3回の作業環境測定の評価結果が第一管理区分＊
・直近3回の特殊健康診断の結果、労働者に新たな異常所見がない
・直近の健康診断実施後に、軽微なものを除き作業方法の変更がない

＊四アルキル鉛特殊健康診断を除く。

す。

　そのため、令和6年4月1日から、有効な呼吸用保護具を使用させることにより、暫定的なばく露防止措置を講ずることとされています。次の3.に詳しく説明します。

## ⑵　第一管理区分が継続していたら

　作業環境測定の結果を評価し、長期間にわたり第一管理区分が継続している事業場については、特別則に規定する全ての措置が本当に必要なのかと疑問に思われる事例もあることと思います。化学物質の自律的な管理の導入に関連し、特別則の規定についても一定の緩和措置が定められました。

### ア．特殊健康診断の頻度の緩和

　　表1の要件を全て満たす場合は、該当する特殊健康診断の実施頻度を、

　　　6か月以内ごとに1回　⇒　1年以内ごとに1回

　　に緩和することができます。

　　対象となるのは、特定化学物質、有機溶剤、鉛および四アルキル鉛に関する特殊健康診断であり、特化則の特別管理物質などは対象外です。

　　特殊健康診断の実施頻度の緩和は、行政機関への届出などは必要ありません。労働者ごと、かつその都度の判断であることに留意してください。

### イ．特別則規定の適用除外の認定

　　化学物質管理の水準が一定以上であると所轄都道府県労働局長が認定した事業場については、その規制対象物質を製造し、または取り扱う業務等について、対象となる特別則の規定が一部適用されないこととなります。技術的な事項に加え、事業場に、専属の化学物質管理専門家（労働衛生工学の労働衛生コンサルタントとして登録を受けた者で、5年以上化学物質の管理に係る業務に従事した経験を有するものなど）を配置することや、

参考

リスクアセスメントや措置について外部の化学物質管理専門家による評価を受けることなど、認定を受けるための要件が定められています。

その具体的事項については、『化学物質管理者選任時テキスト』（第3版、中央労働災害防止協会）の第1編第4章を参考としてください。

## 3．作業環境測定結果が第三管理区分の事業場に対する措置の強化

○第三管理区分場所の対応

【関係する法令】特化則第36条の3の2など

① ＜本当に改善が不可能かを調べる＞
  1） 自ら作業環境の改善を実施してみる　⇒再度測定して改善すればOK
  2） 外部の作業環境管理専門家に意見を聴く
② ＜有効な呼吸用保護具を選定する＞
  3） ばく露レベルを測定する
  4） 必要な濃度レベルまで下げることのできる呼吸用保護具を選定する
  5） 労働者ごとにフィットテストを行う
③ ＜所定の届出を行う＞
  6） 労働基準監督署に、第三管理区分措置状況届を提出する
  7） 必要な事項を記録し、保存する

特別則に基づく作業環境測定の結果の評価で第三管理区分に区分された場所については、特別則の規定に基づき、評価の結果に基づく措置として、直ちに点検を行い、施設または設備の設置または整備、作業工程または作業方法の改善その他作業環境を改善するため必要な措置を講じ、管理区分を第一管理区分または第二管理区分となるようにしなければならないとされています。

したがって、第三管理区分と評価された場合は、従来どおり作業環境の改善等の措置を講ずることが原則になります。作業が複雑で囲い式フードの設置が困難な場合、溶剤等の発散面が広すぎるために外付け式フードがつけられない場合など、一見すると作業環境改善が困難と思われた場合でも、工学的対策の専門家の関与により、気流を工夫したプッシュプル型換気装置が設置され、第一管理区分にまで改善したという事例は数多くあります。

しかし、全てがこのような解決をみるわけではなく、第三管理区分と評価さ

れた作業場所には、発散源の密閉化、局所排気装置やプッシュプル型換気装置の設置といった工学的措置が技術的に困難な場合もあります。結果として、作業環境が第三管理区分のまま改善されず、労働者のばく露の程度が最小限度とならない状態が放置されてしまう状況も一定数あるのが現実です。今回の法令改正は、こうした第三管理区分のままで結果的に放置されてきた作業場所に対する措置の強化であり、まずは、工学的措置等により、作業環境改善の可能性があるかどうかを専門家が判断するところが出発点となります。

　作業環境改善の余地がないと専門家が判断すれば、適正な呼吸用保護具を選択して使用することにより、化学物質の濃度が高い作業環境においても、労働者のばく露の程度を一定以下とする改善の取組み等を講ずることとされました。

　作業環境改善の可否や改善措置の内容については、事業場の外部の作業環境管理専門家の意見を求め、工学的措置について高度な知見を有する専門家の視点により確認することとされています。

　作業環境測定の結果の評価が第三管理区分となり、作業環境の改善が困難と自ら判断した場合に、事業者に義務付けられる措置は、次のようになります。

①　その作業場所の作業環境の改善の可否と、改善できる場合の改善方策について、外部の作業環境管理専門家の意見を聴くこと。

②　①の結果、作業場所の作業環境の改善が可能な場合、必要な改善措置を講じ、その効果を確認するための濃度測定を行い、結果を評価すること。

③　①の結果、作業環境管理専門家が改善困難と判断した場合、または②の濃度測定の結果が第三管理区分に区分された場合は、以下の事項が必要となる。

　・個人サンプリング測定等による化学物質の濃度測定を行い、その結果に応じて労働者に有効な呼吸用保護具を使用させること。

　・その呼吸用保護具が適切に装着されていることを確認すること。

　・保護具着用管理責任者を選任し、濃度測定と呼吸用保護具の適切な着用の確認の管理、作業主任者の職務に対する指導等を担当させること。

　・①の作業環境管理専門家の意見の概要と、②の措置と評価の結果を労働者に周知させること。

　・これらの措置を講じたときは、遅滞なく措置の内容を所轄労働基準監督

参考

様式第2号の3（第28条の3の3関係）（表面）

## 第三管理区分措置状況届

| 事 業 の 種 類 | | |
|---|---|---|
| 事 業 場 の 名 称 | | |
| 事 業 場 の 所 在 地 | 郵便番号（　　） |
| | 電話　　（　　） |
| 労 働 者 数 | 人 |
| 第三管理区分に区分された場所において製造し、又は取り扱う有機溶剤の名称 | | |
| 第三管理区分に区分された場所における作 業 の 内 容 | | |
| 作業環境管理専門家の 意 見 概 要 | 所属事業場名 | |
| | 氏　　　名 | |
| | 作業環境管理専門家から意見を聴取した日 | 年　　　月　　　日 |
| | 意 見 概 要 | 第一管理区分又は第二管理区分とすることの可否 | 可　・　否 |
| | | 可の場合、必要な措置の概要 | |
| 呼吸用保護具等の状況 | 有効な呼吸用保護具の使用<br>保護具着用管理責任者の選任<br>作業環境管理専門家意見等の労働者への周知 | 有　・　無<br>有　・　無<br>有　・　無 |

　　年　　　月　　　日

労働基準監督署長殿

事業者職氏名

様式第2号の3（第28条の3の3関係）（裏面）

備考
1　「事業の種類」の欄は、日本標準産業分類の中分類により記入すること。
2　次に掲げる書面を添付すること。
　①　意見を聴取した作業環境管理専門家が、有機溶剤中毒予防規則第28条の3の2第1項に規定する事業場における作業環境の管理について必要な能力を有する者であることを証する書面の写し
　②　作業環境管理専門家から聴取した意見の内容を明らかにする書面
　③　この届出に係る作業環境測定の結果及びその結果に基づく評価の記録の写し
　④　有機溶剤中毒予防規則第28条の3の2第4項第1号に規定する個人サンプリング測定等の結果の記録の写し
　⑤　有機溶剤中毒予防規則第28条の3の2第4項第2号に規定する呼吸用保護具が適切に装着されていることを確認した結果の記録の写し

## 図1　改善措置の届出の様式（有機則）

　　署長に届け出ること（**図１**）。

　なお、作業場所の作業環境測定の結果の評価が第三管理区分から第一管理区分または第二管理区分に改善するまでの間、次の措置についても講ずる必要がある。

　④　６か月以内ごとに１回、定期に、個人サンプリング法等による化学物質の濃度測定を行い、その結果に応じて労働者に有効な呼吸用保護具を使用させること。

　　　測定および評価結果はその都度記録し、３年間保存すること。

　⑤　１年以内ごとに１回、定期に、呼吸用保護具が適切に装着されていることを確認（フィットテスト）すること。

参
考

# 附　録

1　化学物質管理チェックリスト集

2　関連資料リンク集

3　「化学物質管理者講習に準ずる講習」カリキュラム

# 1 化学物質管理チェックリスト集

新たな化学物質規制（リスクアセスメント対象物取扱い事業場向け）

| 分野 | 関係条項 | 項目 | 質問 | ✓ |
|---|---|---|---|---|
| 化学物質管理体系の見直し | 令別表9 | ラベル表示・SDS等による通知の義務対象物質 | ラベル表示や安全データシート（SDS）等による通知、リスクアセスメントの実施をしなければならない化学物質（リスクアセスメント対象物）が、「国によるGHS分類で危険性・有害性が確認された全ての物質」へと拡大することを知っていますか？ | |
| | 則577の2、577の3 | リスクアセスメント対象物に関する事業者の責務 | リスクアセスメント対象物について、労働者のばく露が最低限となるように措置を講じていますか？ | |
| | | | 濃度基準値設定物質について、労働者がばく露される程度を基準値以下としていますか？ | |
| | | | 措置内容やばく露について、労働者の意見を聴いて記録を作成し、保存していますか？（保存期間はがん原性物質が30年、その他は3年） | |
| | | | リスクアセスメント対象物以外の物質もばく露を最小限に抑える努力をしていますか？ | |
| | 則594の2、594の3 | 皮膚等障害化学物質等への直接接触の防止 | 皮膚への刺激性・腐食性・皮膚吸収による健康影響のおそれのあることが明らかな物質の製造・取り扱いに際して、労働者に保護具を着用させていますか？ | |
| | | | 上記以外の物質の製造・取り扱いに際しても、労働者に皮膚障害等防止用の保護具を着用させるよう努力していますか？（明らかに健康障害を起こすおそれがない物質は除く） | |
| | 則22 | 衛生委員会の付議事項 | 衛生委員会で、自律的な管理の実施状況の調査審議を行っていますか？ | |
| | 則97の2 | がん等の把握強化 | 化学物質を扱う事業場で、1年以内に2人以上の労働者が同種のがんに罹患したことを把握したときは、業務起因性について、医師の意見を聴いていますか？ | |
| | | | 上記の場合で、医師に意見を聴いて業務起因性が疑われた場合は、都道府県労働局長に報告していますか？ | |
| | 則34の2の8 | リスクアセスメント結果等の記録 | リスクアセスメントの結果及びリスク低減措置の内容等について記録を作成し、保存していますか？（最低3年、もしくは次のリスクアセスメントが3年先以降であれば次のリスクアセスメント実施まで） | |
| | 則34の2の10 | 労働災害発生事業場等への指示 | 労災を発生させた事業場等で労働基準監督署長から改善指示を受けた場合に、改善措置計画を労基署長に提出、実施する必要があることを知っていますか？ | |
| | 則577の2 | 健康診断等 | リスクアセスメントの結果に基づき、必要があると認める場合は、リスクアセスメント対象物に係る医師又は歯科医師による健康診断を実施し、その記録を保存していますか？（保存期間はがん原性物質が30年、その他は5年） | |
| | | | 濃度基準値を超えてばく露したおそれがある場合は、速やかに医師又は歯科医師による健康診断を実施し、その記録を保存していますか？（保存期間はがん原性物質が30年、その他は5年） | |
| 実施体制の確立 | 則12の5 | 化学物質管理者 | 化学物質管理者を選任していますか？ | |
| | 則12の6 | 保護具着用管理責任者 | （労働者に保護具を使用させる場合）保護具着用管理責任者を選任していますか？ | |
| | 則35 | 雇入れ時教育 | 雇入れ時等の教育で、取り扱う化学物質に関する危険有害性の教育を実施していますか？ | |

| 分野 | 関係条項 | 項目 | 質問 | ✓ |
|---|---|---|---|---|
| 情報伝達の強化 | 則24の15、34の2の3 | SDS通知方法の柔軟化 | SDS情報の通知手段として、ホームページのアドレスや二次元コード等が認められるようになったことを知っていますか？ | |
| | 則24の15、34の2の5 | 「人体に及ぼす作用」の確認・更新 | 譲渡・提供者は5年以内ごとに1回、SDSの変更が必要かを確認し、変更が必要な場合には、1年以内に更新して譲渡・提供先に通知されることを知っていますか？ | |
| | 則24の15、34の2の4、34の2の6 | SDS通知事項の追加等 | SDS記載事項に、「想定される用途及び当該用途における使用上の注意」が記載されていることを知っていますか？ | |
| | | | SDSには、成分の含有量を10%刻みではなく、重量％で記載してありますか？<br>※含有量に幅があるものは、濃度範囲による表記も可。 | |
| | 則33の2 | 別容器等での保管 | リスクアセスメント対象物を他の容器に移し替えて保管する際に、ラベル表示や文書の交付等により、内容物の名称や危険性・有害性情報を伝達していますか？ | |
| その他 | 特化、有機、鉛、粉じん | 個別規則の適用除外 | 都道府県労働局長から管理が良好と認められた事業場は、特別規則の適用物質の管理を自律的な管理とすることができることをを知っていますか？ | |
| | 特化、有機、鉛、粉じん | 作業環境測定結果が第三管理区分の事業場 | 左記の区分に該当した場合に、外部の専門家に改善方策の意見を聴き、必要な改善措置を講じていますか？ | |
| | | | 措置を実施しても区分が変わらない場合や、個人サンプリング測定やその結果に応じた保護具の使用等を行ったうえで、労働基準監督署に届け出ていますか？ | |
| | 特化、有機、鉛、四アルキル | 特殊健康診断 | 作業環境測定の結果等に基づいて、特殊健康診断の頻度が緩和されることを知っていますか？ | |

令：労働安全衛生法施行令、則：労働安全衛生規則、特化：特定化学物質障害予防規則、有機：有機溶剤中毒予防規則、鉛：鉛中毒予防規則、粉じん：粉じん障害防止規則、四アルキル：四アルキル鉛中毒予防規則

（資料：厚生労働省リーフレットより）

附録

## チェックリスト　化学物質管理者の選任

(1)　**リスクアセスメント対象物を製造する事業場への該当**（則第12条の5）

①　リスクアセスメント対象物（特別則対象を含む。）を使用していますか。

- □　はい　（作業工程が密閉化されている場合も含む。）
- □　いいえ

②　①で「はい」の場合、原材料を混合して新たな製品（リスクアセスメント対象物）を製造していますか。

- □　はい　（複数の溶剤を混合して容器に詰め、販売するなどを含む。）
  - ⇒　「化学物質を製造する事業場」に該当し、化学物質管理者の選任が必要。原則として、告示に基づく講習修了者から選任する
- □　いいえ
  - ⇒　化学物質を取り扱う事業場は、「製造する事業場以外の事業場」に該当し、化学物質管理者の選任が必要。通達に基づく講習修了者からの選任が望ましい

③　①で「いいえ」の場合、ラベル・SDS等の作成の管理のみを行っていますか。

- □　はい　（リスクアセスメント対象物を製造する事業場（①に該当）と別の事業場でラベル表示を作成するなど）
  - ⇒　他の事業場で製造された化学物質のラベル等の作成の管理のみを行う事業場は、「製造する事業場以外の事業場」に該当し、化学物質管理者の選任が必要。通達に基づく講習修了者からの選任が望ましい

(2)　**化学物質管理者の選任**

①　化学物質管理者を選任し、その氏名を関係労働者に周知させましたか。

- □　はい　リスクアセスメント対象物を製造する事業場（告示に定める講習の修了者）
- □　はい　リスクアセスメント対象物を製造する事業場以外の事業場（化学物質管理者の職務を担当するために必要な能力を有すると認められる者）
  - ⇒　関係労働者への周知は、氏名を事業場内に掲示する、社内LANで関係者全員に知らせるなどにより行う。
- □　いいえ
  - ⇒　事由が発生した日から14日以内の選任が必要。

②　化学物質管理者に、法令で定める職務をなし得る権限を与えましたか。
- □　はい　　　　　　　　　□　いいえ

中災防 労働衛生調査分析センター 2024

160

## チェックリスト　　保護具着用管理責任者の選任

(1)　**保護具着用管理責任者選任義務の該当**（則第12条の6）

①　リスクアセスメント結果に基づき、労働者に保護具を使用させますか。

- □　はい　呼吸用保護具
- □　はい　皮膚等障害防止用保護具
  - ⇒　いずれの場合も、保護具着用管理責任者の選任が必要です。
- □　いいえ

②　特別則における作業環境測定の結果、第三管理区分に区分された作業場がありますか。

- □　はい
  - ⇒　特別則に基づく作業主任者に加え、保護具着用管理責任者の選任が必要です。（作業主任者との兼務は不可）
- □　いいえ

(2)　**保護具着用管理責任者の選任**

①　保護具着用管理責任者を選任し、その氏名を関係労働者に周知させましたか。

- □　はい
  - ⇒　関係労働者への周知は、氏名を事業場内に掲示する、社内LANで関係者全員に知らせるなどにより行います。
- □　いいえ
  - ⇒　事由が発生した日から14日以内の選任が必要です。

②　保護具着用管理責任者に対し、法令で定める職務をなし得る権限を与えましたか。
- □　はい　　　　　　　　　□　いいえ

中災防 労働衛生調査分析センター ⚲2024

附録

### チェックリスト　衛生委員会

(1) **化学物質のリスクアセスメント（健康障害）に関する付議**（則第22条第2号）
リスクアセスメントとその結果に基づく措置について、諮りましたか。
　　ーリスクアセスメント対象物（法第57条の3）　　☐　はい　　☐　いいえ
　　ーその他の化学物質（法第28条の2）　　☐　はい　　☐　いいえ

(2) **化学物質のリスクアセスメント（健康障害）に関する付議**（則第22条第11号）
　① リスクアセスメントの結果に基づき、次の措置について諮りましたか。
　　　　　　　　　　　　　　　　（則第577条の2第1項、第2項）
　　ーばく露の程度を最小限度にすること　　☐　はい　　☐　いいえ
　　ーばく露を濃度基準値以下とすること　　☐　はい　　☐　いいえ
　　　　　　　　　　　　　　　☐対象物なし

　② リスクアセスメント対象物健康診断を実施しましたか。
　　ー第3項健診　　　　　　　　　☐　はい　　☐　いいえ
　　ー第4項健診（濃度基準値設定物質）　　☐　はい　　☐　いいえ
　　　　　　　　　　　　　　　☐　対象物なし

　③ リスクアセスメント対象物健康診断の結果に基づき、医師等の意見を勘案し、講じた措
　　置について諮りましたか。
　　☐　はい
　　☐　いいえ


※措置：① 就業場所の変更、作業の転換、労働時間の短縮等
　　　　② 作業環境測定の実施
　　　　③ 施設・設備の設置、整備
　　　　④ 衛生委員会への医師等の意見の報告
　　　　⑤ その他

中災防 労働衛生調査分析センター ㊞2024

## チェックリスト　　事業場内表示

(1)　**事業場内表示**

①　事業場内で、製造許可物質またはラベル表示対象物を他の容器に移し替えたり、小分けしたりして保管することがありますか。

□　はい
- □　保管した物を別の人が取り扱う可能性がある
- □　同一の企業内で別の事業場に移動する

□　いいえ
- □　取扱い中または運搬のために一時的に小分けするのみ（目を離さない）
- □　ラベル表示がされた容器等でのみ保管する

②　保管に用いる容器には、物質の名称と人体に及ぼす作用を明示してありますか。

□　はい
- □　必要な事項を表示してある
- □　容器に物質名を表示した上で、人体に及ぼす作用について、作業者に文書を渡している
- □　容器に物質名を表示した上で、関係者全員が閲覧可能な社内LANに人体に及ぼす作用を明示している
- □　容器が小さいため、容器に物質名の略称を表示した上で、容器の台座（または保管する棚）に物質名と人体に及ぼす作用を明示している

□　いいえ
　　⇒　容器に入れて保管するときは、則第33条の2に基づき、必要な表示等を行ってください。
　　　　小分けした容器を他の人が取り扱うことによる引火、想定外の化学反応や誤飲を防止しましょう。

中災防 労働衛生調査分析センター 2024

---

## チェックリスト　　リスクアセスメント対象物

(1)　**リスクアセスメント対象物について**

リスクアセスメントを実施しましたか。　　　□　はい　　　　□　いいえ

⇒　実施記録を保存しましょう。次のようなものが考えられます。
（化学物質管理者が確認した日付を残しましょう）
・CREATE-SIMPLEの実施レポート
・Control bandingなどの結果シート
・ボックスモデルなどの計算結果と判断の記録
・検知管、パッシブサンプラーなどによる簡易測定結果と判断の記録

⇒　「いいえ」は、法第57条の3に抵触することがあります。
混合物の一部の成分について、濃度や有害性が十分に低いと判断した場合は、その旨を明記して保存しましょう。
すでに取り扱っていた物質がリスクアセスメント対象物として新たに追加された場合は、リスクアセスメント実施義務は生じませんが、以下に留意が必要です。
・リスクアセスメント指針で、実施するよう努めるとされている。
・健康診断ガイドラインで、第3項健診の要否を判断するため令和7年3月31日までの実施が望ましいとされている。
・作業手順、使用する設備機器等の変更がないことが前提
・濃度基準値が定められた、関係機関のばく露限界が変更されたなど、危険性、有害性等について変化が生じたときは、法令（則第34条の2の7第1項）で実施義務が生ずる。

⑵　リスクアセスメントの結果等の記録、保存、周知
　①　リスクアセスメントの結果について、記録を作成しましたか。

　　□　はい　　次の事項を含む
　　　　　　　　　　　　　　　　　□リスクアセスメント対象物の名称
　　　　　　　　　　　　　　　　　□対象業務の内容
　　　　　　　　　　　　　　　　　□リスクアセスメントの結果
　　　　　　　　　　　　　　　　　□必要な措置の内容

　　□　いいえ
　　　　⇒　法に定めるリスクアセスメントを実施したことを確認できません。
　　　　　　必要な措置を講じたかどうかを確認できません。

　　　　　　　自律的な化学物質管理においては、事業者が講ずべき措置は、リスクアセスメントの結果に応じて自ら決定する必要があり、それらの検討過程を記録することが求められます。

　②　リスクアセスメントの結果の記録は、3年分かつ少なくとも1回分保存していますか。
　　□　はい　　　　　　　　□　いいえ

　③　リスクアセスメントの結果は、関係労働者に周知させましたか。
　　□　はい　　　　　　　　□　いいえ

中災防 労働衛生調査分析センター ⓒ2024

附録

## チェックリスト　措置と濃度基準値

**(1) ばく露の程度の低減**

リスクアセスメントの結果に基づき、リスクアセスメント対象物に労働者がばく露される程度を最小限度にするための措置を実施していますか。

□　はい
- □　代替物の使用
- □　発散源を密閉する設備
- □　換気装置の設置と稼働
- □　作業の方法の改善
- □　有効な呼吸用保護具の使用

⇒　リスクアセスメントの結果により必要な措置は異なる（一律の義務でない）。ただし、特別則に規定する措置はリスクアセスメントの結果によらず必要。

□　いいえ
⇒　屋外作業場も対象である。
健康障害のリスクが許容されないときは、必要な措置を講ずる。

**(2) 濃度基準値設定物質（屋内作業場）**

濃度基準値以下であることを確認しましたか。

□　はい　呼吸域の濃度が濃度基準値の2分の1を超えないと判断される
⇒　上に掲げるリスクアセスメントにおいて、労働者の呼吸域の濃度の推定値（例えばCREATE-SIMPLEの推定ばく露濃度）を活用して判断することもできます。

□　いいえ　呼吸域の濃度が濃度基準値の2分の1を超えると判断される物質がある
⇒　濃度基準値以下であるかどうかを確認するための測定が必要です。

**(3) 確認測定の実施**

濃度基準値の2分の1を超えるとされた物質について、確認測定を行いましたか。

☐ はい
- ☐ 呼吸域の濃度が濃度基準値を超えない
- ☐ 呼吸域の濃度が濃度基準値を超えるため、呼吸用保護具の使用により、ばく露を濃度基準値以下とする
  ⇒ 呼吸用保護具によるばく露防止措置は、保護具着用管理責任者が管理します。
- ☐ 呼吸用保護具を使用しても、ばく露が濃度基準値を超える
  ⇒ 工学的措置を行った上で、再度確認測定を行う必要があります。

☐ いいえ 呼吸用保護具を使用しても、ばく露が濃度基準値を超える
  ⇒ 工学的措置を行った上で、再度確認測定を行う必要があります。

> 確認測定は、労働者のばく露される程度が濃度基準値以下であることを確認するためのもの。技術上の指針に従って個人ばく露測定により行います。

**(4) 記録の作成、保存、周知**

① (1)から(3)までの措置について、関係労働者の意見を聴くための機会を設けていますか。
  ☐ はい　　　　☐ いいえ
  ⇒ 衛生委員会での付議は、これに該当します。

② (1)から(3)までの措置及び関係労働者の意見の聴取状況について、1年以内ごとに1回、定期に記録を作成し、3年間保存してありますか。
  ☐ はい　　　　☐ いいえ
  ⇒ リスクアセスメントの結果とは、記録の作成頻度が異なります。

中災防 労働衛生調査分析センター 2024

附録

## チェックリスト　リスクアセスメント対象物健康診断

(1) **リスクアセスメント対象物健康診断**（則第577条の2第3項、第4項）

① リスクアセスメントの結果に基づき、リスクアセスメント対象物健康診断を実施しましたか（第3項健診）

- □ はい
  - □ 濃度基準値告示に定める努力義務を満たさない
  - □ 工学的措置や保護具の使用が不適切と判断した
  - □ 漏洩事故等により大量ばく露した（濃度基準値なし）
  - □ 何らかの健康障害が出た

- □ いいえ
  - ⇒ 健診は、健康障害リスクが許容範囲を超えると事業者が判断した場合に行う（ばく露防止措置が適切でないときに実施する）。
    上に掲げたのは、実施が望ましい場合（ガイドラインから）。
  - ⇒ 検査項目は、業務歴やばく露の評価、自他覚症状の有無の検査が主体で、健康影響の確認のための検査（血液検査など）は、必要な場合に行うとされている。

② 濃度基準値設定物質について、緊急のリスクアセスメント対象物健康診断を実施しましたか（第4項健診）

- □ はい
  - □ 工学的措置が不適切で濃度基準値を超えてばく露した
  - □ 呼吸用保護具の問題で濃度基準値を超えてばく露した
  - □ 漏洩事故等により大量ばく露した

- □ いいえ
  - ⇒ 健診は、速やかに行う必要がある（事業者が判断する余地はない）。

⑵　**リスクアセスメント対象物健康診断の記録等**（則第577条の２）
　以下、リスクアセスメント対象物健康診断を実施した場合に限る。

①　所定の健康診断個人票を作成し、５年間（がん原性物質については30年間）保存していますか。

　　□　はい　　　　□　いいえ

②　リスクアセスメント対象物健康診断の結果に基づき、実施日から３か月以内に医師等の意見を聴き、その意見を個人票に記載しましたか。

　　□　はい
　　□　いいえ（異常の所見と診断された労働者がいないなど）

③　受診した労働者に対し、遅滞なく、リスクアセスメント対象物健康診断の結果を通知しましたか。

　　□　はい
　　□　いいえ

④　リスクアセスメント対象物健康診断の結果について、関係労働者の意見を聴くための機会を設けましたか。

　　□　はい
　　□　いいえ

中災防 労働衛生調査分析センター 2024

附録

## チェックリスト　保護手袋など

(1)　**保護手袋等の備え付け**（則第594条）
　①　使用する化学物質と作業に応じて、必要な保護衣、保護手袋、保護眼鏡などを備えてありますか。

　　　保 護 衣：　☐　はい　　　　☐　いいえ　　　　☐　必要ない
　　　保護手袋：　☐　はい　　　　☐　いいえ　　　　☐　必要ない
　　　保護眼鏡：　☐　はい　　　　☐　いいえ　　　　☐　必要ない

　②　請負人に対し、必要な保護衣、保護手袋、保護眼鏡などを備えるよう周知させましたか。

　　　☐　はい
　　　☐　いいえ
　　　☐　該当なし

(2)　**皮膚等障害化学物質等**（則第594条の2ほか）
　①　皮膚等障害化学物質等の製造、取扱いの業務はありますか。

　　　☐　皮膚刺激性有害物質
　　　☐　皮膚吸収性有害物質
　　　☐　どちらもない

　②　特化則第44条など、不浸透性の保護衣等の使用義務がある業務はありますか。

　　　☐　ある
　　　☐　ない

　③　対象となる皮膚等障害化学物質等に対し、保護衣、保護手袋の耐浸透性能や透過までの時間を確認しましたか。

　　　☐　確認した
　　　☐　一部確認した
　　　☐　確認していない

(3)　**その他の化学物質に対する皮膚等障害の防止**（則第594条の3）

①　リスクアセスメント対象物以外を含む各種化学物質（(2)の対象を除く。）について、保護衣、保護手袋、保護眼鏡を使用させるべき業務はありますか。

保 護 衣：　□ はい　　　　□ いいえ
保護手袋：　□ はい　　　　□ いいえ
保護眼鏡：　□ はい　　　　□ いいえ

②　請負人に対し、必要な保護衣、保護手袋、保護眼鏡などを備えるよう周知させましたか。

　　□　はい
　　□　いいえ
　　□　該当なし

(4)　**保護手袋等の数等**（則第596条）

以上の各種保護具について、同時に就業する労働者の人数と同数以上を備え、使える状態にしてありますか。

　　□　はい
　　□　いいえ

中災防 労働衛生調査分析センター 2024

附録

チェックリスト　　がん原性物質

(1)　**がん原性物質**（令和6年4月1日現在、198物質）
　①　がん原性物質を使用していますか。

　　□　はい　通常の作業工程において取り扱っている（時間や頻度によらない）
　　□　いいえ

　②　上で「はい」の場合、がん原性物質を製造し、または取り扱う業務に従事する労働者の
　　対象物の作業記録を1年以内ごとに1回、定期に作成し、30年間保存することとしてい
　　ますか。

　　□　はい
　　□　いいえ
　　　　⇒　特化則の特別管理物質の取扱いと同様です。
　　　　　　がんなどの晩発性の健康障害への対応を適切に行うためのものであり、労働者
　　　　　　が離職した後であっても引き続き保存が必要です。

(2)　**がん原性物質に係るリスクアセスメント対象物健康診断**
　①　がん原性物質について、リスクアセスメント対象物健康診断を実施しましたか。

　　□　はい
　　□　いいえ

　②　上で「はい」の場合、所定の様式の健康診断個人票を作成し、30年間保存することとし
　　ていますか。

　　□　はい
　　□　いいえ

中災防 労働衛生調査分析センター ㊞2024

## 2　関連資料リンク集

**○関連告示・指針**

労働安全衛生規則第12条の５第３項第２号イの規定に基づき厚生労働大臣が定める化学物質の管理に関する講習（令和４年厚生労働省告示第276号）
https://www.mhlw.go.jp/content/11300000/000987097.pdf

【施行通達】
労働安全衛生規則第12条の５第３項第２号イの規定に基づき厚生労働大臣が定める化学物質の管理に関する講習等の適用等について
（令和４年９月７日付け基発0907第１号）（最終改正　令和５年７月14日）
https://www.mhlw.go.jp/content/11300000/001117847.pdf

労働安全衛生規則第34条の2の10第２項、有機溶剤中毒予防規則第４条の２第１項第１号、鉛中毒予防規則第３条の２第１項第１号及び特定化学物質障害予防規則第２条の３第１項第１号の規定に基づき厚生労働大臣が定める者
（令和４年９月７日厚生労働省告示第274号）
https://www.mhlw.go.jp/content/11300000/000987093.pdf

粉じん障害防止規則第３条の２第１項第１号の規定に基づき厚生労働大臣が定める者（令和４年厚生労働省告示第275号）
https://www.mhlw.go.jp/content/11300000/000987095.pdf

労働安全衛生規則第577条の２第５項の規定に基づきがん原性がある物として厚生労働大臣が定めるもの（令和４年厚生労働省告示第371号）（最終改正　令和５年８月９日）
https://www.mhlw.go.jp/web/t_doc?dataId=74ab9021&dataType=0&pageNo=1

【施行通達】
労働安全衛生規則第577条の２第３項の規定に基づきがん原性がある物として厚生労働大臣が定めるものの適用について（令和４年12月26日付け基発1226第４号）（最終改正　令和５年４月24日）
https://www.mhlw.go.jp/content/11300000/001030129.pdf

附録

第三管理区分に区分された場所に係る有機溶剤等の濃度の測定の方法等
（令和4年厚生労働省告示第341号）（最終改正　令和6年4月10日）
http://www.jaish.gr.jp/anzen/hor/hombun/hor1-2/hor1-2-359-1-0.htm

【施行通達】
第三管理区分に区分された場所に係る有機溶剤等の濃度の測定の方法等の適用について　（令和4年11月30日付け基発1130第1号）
https://www.mhlw.go.jp/content/11300000/001018473.pdf

作業環境測定基準及び第三管理区分に区分された場所に係る有機溶剤等の濃度の測定の方法等の一部を改正する告示（令和5年厚生労働省告示第174号）
https://www.mhlw.go.jp/content/11300000/001089724.pdf

【施行通達】
作業環境測定基準及び第三管理区分に区分された場所に係る有機溶剤等の濃度の測定の方法等の一部を改正する告示について（令和5年4月17日基発0417第4号）
https://www.mhlw.go.jp/content/11300000/001088102.pdf

労働安全衛生規則第577条の2第2項の規定に基づき厚生労働大臣が定める物及び厚生労働大臣が定める濃度の基準（令和5年厚生労働省告示第177号）
https://www.mhlw.go.jp/content/11300000/001091419.pdf

【施行通達】
労働安全衛生規則第577条の2第2項の規定に基づき厚生労働大臣が定める物及び厚生労働大臣が定める濃度の基準の適用について
（令和5年4月27日付け基発0427第1号）
https://www.mhlw.go.jp/content/11300000/001091753.pdf

労働安全衛生規則第577条の2第2項の規定に基づき厚生労働大臣が定める物及び厚生労働大臣が定める濃度の基準の一部を改正する件（令和6年厚生労働省告示第196号）
https://www.mhlw.go.jp/content/11300000/001252599.pdf

【施行通達】
「労働安全衛生規則第577条の2第2項の規定に基づき厚生労働大臣が定める物及び厚生労働大臣が定める濃度の基準の一部を改正する件」の告示等について
（令和6年5月8日付け基発0508第3号）
https://www.mhlw.go.jp/content/11300000/001252602.pdf

化学物質による健康障害防止のための濃度の基準の適用等に関する技術上の指針
（令和5年4月27日技術上の指針公示第24号）
https://www.mhlw.go.jp/content/11300000/001091556.pdf

【施行通達】
「化学物質による健康障害防止のための濃度の基準の適用等に関する技術上の指針」の制定について（令和5年4月27日付け基発0427第2号）
https://www.mhlw.go.jp/content/11300000/001091754.pdf

化学物質による健康障害防止のための濃度の基準の適用等に関する技術上の指針の一部を改正する件（令和6年5月8日技術上の指針公示第26号）
https://www.mhlw.go.jp/content/11300000/001252601.pdf

【施行通達】
「化学物質による健康障害防止のための濃度の基準の適用等に関する技術上の指針の一部を改正する件」について（令和6年5月8日付け基発0508第1号）
https://www.mhlw.go.jp/content/11300000/001252603.pdf

化学物質等の危険性又は有害性等の表示又は通知等の促進に関する指針
（平成24年3月16日厚生労働省告示第133号）
（最終改正　令和4年5月31日）
https://www.mhlw.go.jp/web/t_doc?dataId=00008010&dataType=0&pageNo=1

【施行通達】
化学物質等の危険性又は有害性等の表示又は通知等の促進に関する指針について
（平成24年3月29日付け基発0329第11号）
https://www.mhlw.go.jp/web/t_doc?dataId=00tb8209&dataType=1&pageNo=1

化学物質等による危険性又は有害性等の調査等に関する指針
（平成27年9月18日危険性又は有害性等の調査等に関する指針公示第3号）
（最終改正　令和5年4月27日）
https://www.mhlw.go.jp/content/11300000/001091557.pdf

【施行通達】
「化学物質等による危険性又は有害性等の調査等に関する指針の一部を改正する指針」について（令和5年4月27日付け基発0427第3号）
https://www.mhlw.go.jp/content/11300000/001091755.pdf

附録

## ○政省令の施行通達

労働安全衛生法施行令の一部を改正する政令等の施行について（令和4年2月24日付け基発0224第1号）
https://www.mhlw.go.jp/content/11300000/000987101.pdf

労働安全衛生規則等の一部を改正する省令等の施行について（令和4年5月31日付け基発0531第9号）（最終改正　令和6年5月8日）
https://www.mhlw.go.jp/content/11300000/000987120.pdf

労働安全衛生規則等の一部を改正する省令の一部を改正する省令の施行について
（令和5年4月24日付け基発0424第2号）
https://www.mhlw.go.jp/content/11300000/001089979.pdf

労働安全衛生法施行令の一部を改正する政令等の施行について
（令和5年8月30日付け基発0830第1号）
https://www.mhlw.go.jp/content/11300000/001139723.pdf

労働安全衛生規則の一部を改正する省令の施行について
（令和5年9月29日付け基発0929第1号）
https://www.mhlw.go.jp/content/11300000/001150523.pdf

## ○関係通知

労働安全衛生法に基づく安全データシート（SDS）の記載に係る留意事項について（令和4年1月11日付け基安化発0111第2号）
https://www.mhlw.go.jp/content/11300000/000945586.pdf

労働安全衛生法等の一部を改正する法律等の施行等（化学物質等に係る表示及び文書交付制度の改善関係）に係る留意事項について」の改正について
（令和6年1月9日付け基安化発0109第1号）
https://www.mhlw.go.jp/content/11300000/001187657.pdf

保護具着用管理責任者に対する教育の実施について
（令和4年12月26日付け基安化発1226第1号）
https://www.mhlw.go.jp/content/11300000/001031069.pdf

化学物質管理専門家の要件に係る作業環境測定士に対する講習について（令和5年1月6日付け基発0106第2号）
https://www.mhlw.go.jp/content/11300000/001161361.pdf

防じんマスク、防毒マスク及び電動ファン付き呼吸用保護具の選択、使用等について（令和5年5月25日付け基発0525第3号）
https://www.mhlw.go.jp/content/11300000/001100842.pdf

皮膚等障害化学物質等に該当する化学物質について
（令和5年7月4日付け基発0704第1号）（最終改正　令和5年11月9日）
https://www.mhlw.go.jp/content/11300000/001165500.pdf

リスクアセスメント対象物健康診断に関するガイドラインの策定等について
（令和5年10月17日付け基発1017第1号）
https://www.mhlw.go.jp/content/11300000/001171288.pdf

## ○各種対象物質の一覧
### 【リスクアセスメント対象物】
労働安全衛生法に基づくラベル表示及びSDS交付義務対象物質（令和6年4月1日現在　896物質（群））
https://anzeninfo.mhlw.go.jp/anzen/gmsds/label_sds_896list_20240401.xlsx

労働安全衛生法に基づくラベル表示・SDS交付の義務対象物質一覧
（令和5年8月30日改正政令、令和5年9月29日改正省令公布、令和7年4月1日及び令和8年4月1日施行）（令和5年11月9日更新）
https://www.mhlw.go.jp/content/11300000/001168179.xlsx

### 【がん原性物質】
労働安全衛生規則第577条の2の規定に基づき作業記録等の30年間保存の対象となる化学物質の一覧（令和5年4月1日及び令和6年4月1日適用分）
（令和5年3月1日更新）
https://www.mhlw.go.jp/content/11300000/001064830.xlsx

附録

【濃度基準値】
労働安全衛生規則第577条の2第2項の規定に基づき厚生労働大臣が定める物及び厚生労働大臣が定める濃度の基準等（一覧）（令和6年5月8日更新）
https://www.mhlw.go.jp/content/11300000/001252610.xlsx

【皮膚等障害化学物質】
皮膚等障害化学物質（労働安全衛生規則第594条の2（令和6年4月1日施行））及び特別規則に基づく不浸透性の保護具等の使用義務物質リスト（令和5年11月9日更新）
https://www.mhlw.go.jp/content/11300000/001164701.xlsx

## ○検討会報告書ほか
職場における化学物質等の管理のあり方に関する検討会報告書
（令和3年7月19日公表）
https://www.mhlw.go.jp/content/11300000/000945999.pdf

皮膚障害等防止用保護具の選定マニュアル（本文）（令和6年2月 第1版）
https://www.mhlw.go.jp/content/11300000/001216985.pdf

皮膚障害等防止用保護具の選定マニュアル 参考情報1：皮膚等障害化学物質及び特別規則に基づく不浸透性の保護具等の使用義務物質リスト
https://www.mhlw.go.jp/content/11300000/001216990.pdf

皮膚障害等防止用保護具の選定マニュアル 参考情報2：耐透過性能一覧表
https://www.mhlw.go.jp/content/11300000/001216988.pdf

**厚生労働省ホームページ　職場における化学物質対策について**
化学物質による労働災害防止のための新たな規制について
https://www.mhlw.go.jp/stf/seisakunitsuite/
bunya/0000099121_00005.html

※ページ末尾に、厚生労働省が設置した相談窓口の案内あり。

## 3 「化学物質管理者講習に準ずる講習」カリキュラム

| 科　目 | 範　囲 | 時　間 | 本書の対応頁 |
|---|---|---|---|
| 化学物質の危険性及び有害性並びに表示等 | 化学物質の危険性及び有害性<br>化学物質による健康障害の病理及び症状<br>化学物質の危険性又は有害性等の表示、文書及び通知 | 1時間30分 | 第3章<br>第4章 |
| 化学物質の危険性又は有害性等の調査 | 化学物質の危険性又は有害性等の調査の時期及び方法並びにその結果の記録 | 2時間 | 第5章<br>第7章 |
| 化学物質の危険性又は有害性等の調査の結果に基づく措置等その他必要な記録等 | 化学物質のばく露の濃度の基準<br>化学物質の濃度の測定方法<br>化学物質の危険性又は有害性等の調査の結果に基づく労働者の危険又は健康障害を防止するための措置等及び当該措置等の記録<br>がん原性物質等の製造等業務従事者の記録<br>保護具の種類、性能、使用方法及び管理<br>労働者に対する化学物質管理に必要な教育の方法 | 1時間30分 | 第6章<br>第8章 |
| 化学物質を原因とする災害発生時の対応 | 災害発生時の措置 | 30分 | 第2章 |
| 関係法令 | 労働安全衛生法、労働安全衛生法施行令及び労働安全衛生規則の関係条項 | 30分 | 第1章<br>第9章 |

（令和4年9月7日付け基発0907第1号）

附録

●執筆

中央労働災害防止協会　労働衛生調査分析センター

リスクアセスメント対象物取扱い事業場のための

# 化学物質の自律的な管理の基本とリスクアセスメント

令和6年7月30日　第1版第1刷発行

編　者　中央労働災害防止協会
発行者　平山　剛
発行所　中央労働災害防止協会
　　　　〒108-0023
　　　　東京都港区芝浦3-17-12
　　　　　　　　　　　　　吾妻ビル9階
　　　　電話　販売　03（3452）6401
　　　　　　　編集　03（3452）6209

印刷・製本　　株式会社アイネット
表紙デザイン　ア・ロゥデザイン
イラスト　　　田中 斉